图解世界大师
住宅建筑

[日本] 中山繁信
[日本] 松下希和
[日本] 伊藤茉莉子　　著　　许姝　译
[日本] 斋藤玲香

U0291515

江苏凤凰科学技术出版社 · 南京

江苏省版权局著作权合同登记 图字：10-2021-577

图书在版编目（CIP）数据

图解世界大师住宅建筑 ／（日）中山繁信等著 ；许
姝译. — 南京 ：江苏凤凰科学技术出版社，2022.10
ISBN 978-7-5713-1762-1

Ⅰ．①图… Ⅱ．①中… ②许… Ⅲ．①住宅－建筑设
计－世界－图集 Ⅳ．①TU241-64

中国版本图书馆CIP数据核字(2022)第139465号

图解世界大师住宅建筑

著　　　者	［日本］中山繁信　　［日本］松下希和　　［日本］伊藤茉莉子 ［日本］斎藤玲香	
译　　　者	许　姝	
项 目 策 划	凤凰空间／徐　磊	
责 任 编 辑	赵　研　刘屹立	
特 约 编 辑	褚雅玲　马思齐	

出 版 发 行	江苏凤凰科学技术出版社
出版社地址	南京市湖南路 1 号 A 楼，邮编：210009
出版社网址	http：//www.pspress.cn
总 经 销	天津凤凰空间文化传媒有限公司
总经销网址	http：//www.ifengspace.cn
印　　　刷	北京军迪印刷有限责任公司

开　　　本	889 mm×1 194 mm　1／32
印　　　张	9
字　　　数	180 000
版　　　次	2022 年 10 月第 1 版
印　　　次	2022 年 10 月第 1 次印刷

标 准 书 号	ISBN 978-7-5713-1762-1
定　　　价	88.00 元

图书如有印装质量问题，可随时向销售部调换（电话：022-87893668）。
本书封底贴有防伪标签，无标签者视为非法出版物。

CONTENTS

目录

第 1 章

掀起世界变革的住宅建筑 1

（19世纪下半叶—20世纪50年代）

19世纪下半叶现代建筑运动兴起。20世纪前期出现现代主义住宅，并风靡世界各国。在这一时期，人们逐渐选用铁、玻璃、钢筋混凝土等工业制品作为建筑的主要材料。

红屋

——英国肯特

菲利普·韦伯、威廉·莫里斯

匠心独具——手工打造文艺风住宅

19世纪下半叶，经过工业革命洗礼的英国，市面上到处都是机器生产的千篇一律的批量产品。此时，一位名叫威廉·莫里斯的青年大胆创新，试图通过手工制作的方式，体现物品朴素的美。

莫里斯善于发现美、挖掘美，无论是起源于中世纪的手工艺品，还是原汁原味呈现材料特色的设计作品，都是他灵感的来源。由他和好友共同设计完成的红屋便是其代表作品，他们将自己对"美"的认知融入这座建筑物中，渗透进室内装潢和家具制作的每个细节里，最终成功打造出了这座质量上乘的建筑。

红屋在普通住宅设计理念的基础上融入了艺术元素。整座房屋的装潢甚至摆件都由莫里斯和其好友亲自操刀，可以说这里是他们艺术构思的实践基地，也是后来工艺美术运动[1]的起点。在那个机器生产占主导的大工业时代，匠人们勇于逆时代之潮流，醉心于手工制作的精神着实让人钦佩。

红屋的诞生受到了当时社会各界的关注，它不仅涉及建筑、美术、日常生活等领域，还由此掀起了提高手工艺行业社会地位的变革。

---

[1] 工艺美术运动是由威廉·莫里斯（英国思想家、诗人，对近代设计史有很大影响）领导的一场设计改良运动，旨在恢复中世纪的手工作业，实现艺术与工作、生活的统一。

手工艺品呈现自然之美

纯手工打造的室内装潢。

建筑年份：1895年
结构：砖木结构
层数：两层
总面积：617.12 m²

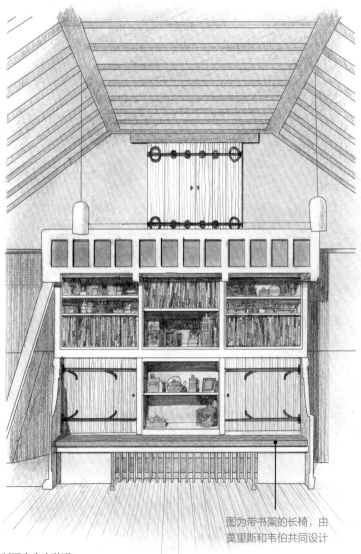

图为带书架的长椅，由莫里斯和韦伯共同设计

制图室室内装潢

红砖建造的红屋

英国首例红砖住宅，住宅外侧墙壁皆由红砖构成。

大胆创新，采用唯美的绘画风格展现功能性烟囱

巧妙的屋顶设计可以有效地防止路人的窥视，房屋与大门的错位设计更可谓别具一格。朴素外观下的红屋体现了设计者注重房屋内部及庭院设计的思想内涵

这里虽然是莫里斯精心打造的私人住宅，但他只住了短短数年

斜坡屋顶

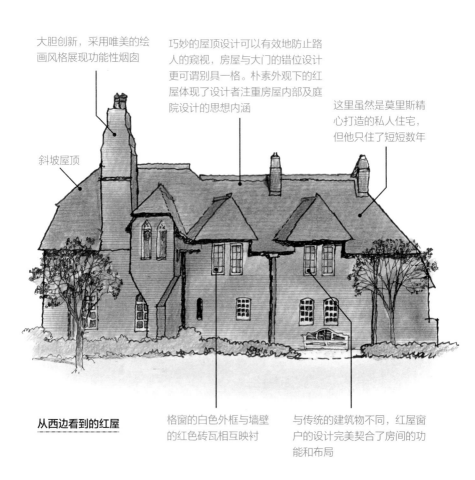

从西边看到的红屋

格窗的白色外框与墙壁的红色砖瓦相互映衬

与传统的建筑物不同，红屋窗户的设计完美契合了房间的功能和布局

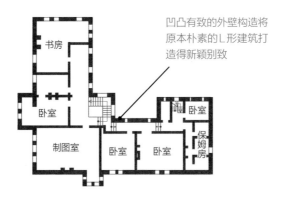

凹凸有致的外壁构造将原本朴素的L形建筑打造得新颖别致

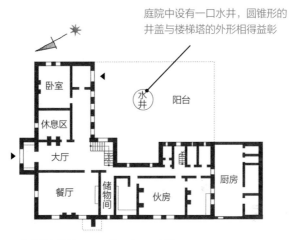

庭院中设有一口水井，圆锥形的井盖与楼梯塔的外形相得益彰

各层平面图（下：一楼；上：二楼）

备忘录

莫里斯以红屋的建造为契机，后来成立了莫里斯－马歇尔－福克纳公司，生产销售壁纸、立式玻璃杯、玻璃制餐具、刺绣、家具等物品，该商会存续至今。

威廉 · 莫里斯

William Morris（1834—1896）

探寻中世纪的理想世界

中世纪[1]时期手工业发达，出自匠人之手的一件件手工艺品为当时的社会生活增色不少。威廉 · 莫里斯早在上大学时就十分憧憬那个时代，他虽然立志成为一名建筑师，但又倾心于拉斐尔前派的作品（指因崇尚意大利文艺复兴初期绘画风格而创作的作品），于是便开展了绘画活动。当然，这还得归功于他的画家好友罗塞蒂的推荐。莫里斯曾与拉斐尔前派的友人一同在大学的墙壁上绘制过湿壁画[2]，这一经历使他感受到了共同创作的喜悦，为日后红屋的建造打下了基础。红屋（参见第8页）是莫里斯的私人住宅，无论是住宅的建筑设计，还是家具、壁纸、窗户等部分，皆由他与朋友携手打造。据说完工之日，莫里斯不禁发出感叹："这就是我一直追求的中世纪精神。"

在那之后，莫里斯与同伴一起创立了涉及室内装潢、家具设计等业务内容的商会（莫里斯-马歇尔-福克纳公司，后称"莫里斯商会"），使其得以在涵盖了壁纸、立式玻璃杯等在内的生活艺术领域大放异彩。莫里斯试图控制产品的价格，让所有人都能买得起，以此提升大家的生活质量。但事与愿违，由于是手工制作，价格高昂，受众群体多是富人。他一方面陷入理想和现实的矛盾之中，另一方面积极投身于社会主义的政治活动中，并不断追求自己的向往和理想。

[1] 中世纪是欧洲历史三大传统划分（古典时代、中世纪、近现代）的中间时期，指5世纪到15世纪。
[2] 湿壁画是在打底的灰泥尚未完全晾干的情况下以水溶性颜料绘制出的壁画。

施罗德住宅

荷兰乌得勒支市

格里特·托马斯·里特维尔德

家具设计师打造的精细住宅

提到西方建筑，大多数人脑海中浮现的是有着厚重砖瓦结构和狭小门窗的封闭式建筑，而施罗德住宅就颠覆了人们的这一认知。此住宅为混凝土结构，采用大片落地玻璃窗，视野开阔，可以享受暖阳微风的自然景观。线条与面体的设计以红、蓝、黄三原色和黑、白、灰组成，整体风格与当时著名的荷兰画家蒙德里安[1]的绘画有着极为相似的意趣。除此之外，该住宅还融入了风格派的艺术理念，体现在外观设计和室内装潢等方面，涵盖了地面、墙壁、天花板、照明、家具、橱柜等各个细节。也正因为如此，施罗德住宅一经建成便名声大噪。

值得一提的是，施罗德住宅二楼生活区的活动隔断设计得极为巧妙。该隔断为拉门式，上至屋顶，收纳时可与家具或墙壁融为一体，并能通过开合拉门来营造不同的空间感。例如：白天拉开拉门，屋内就变成了通透的大房间；晚上闭合拉门，便能分出私人空间和起居室、厨房、餐厅等功能区，很好地保证了私密性。该住宅在整个建造过程中都追求精益求精的品质，与家具制作异曲同工，实现了灵动的多功能构造。

---

[1] 彼埃·蒙德里安（1872—1944）是19世纪末至20世纪的荷兰画家。他被认为是抽象绘画派最早期的画家之一，其纯粹主义（在只由水平线和垂直线构成的画面中，只采用红、蓝、黄三原色进行创作）作品广为人知。

三原色精准着色，呈现灵动外观

建筑年份：1923—1924年
结构：砖＋木＋钢筋混凝土结构
层数：地上两层、地下一层
总面积：140 m²

墙壁、骨架钢材分别采用了不同的单色，使住宅外观呈现明快生动之感。里特维尔德还在这里开设了建筑事务所。

曾从事家装设计的施罗德夫人也参与了房屋的内部设计，将家具、床铺等布置得美观大方。合理的布局让住宅二楼即使在拉开隔断时，形成的开放空间也能与整座建筑融为一体，实现协调，体现美感

施罗德非常重视保护家人的生活隐私，所以设计住宅时将通常设置在一楼的起居室移至二楼，并由此打造出更开放的空间

从西南侧道路观看建筑物

备忘录

风格派是指曾活跃于荷兰艺术舞台的前卫画家、建筑师群体组成的流派，蒙德里安便是其中一员，里特维尔德在1919年加入其中。该派别提倡对水平线、垂直线、三原色的运用。

开合拉门打造变幻的二楼空间

二楼空间可以通过开合拉门营造不同的空间感。拉开拉门，屋内就变成了通透的大房间；闭合拉门，空间便被分隔成了各自独立的房间。地面、墙壁和门窗等分别涂刷了红、蓝、黄三原色和深灰色、浅灰色。

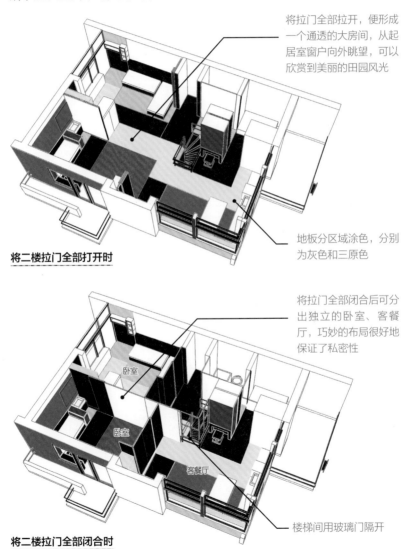

将拉门全部拉开，便形成一个通透的大房间，从起居室窗户向外眺望，可以欣赏到美丽的田园风光

地板分区域涂色，分别为灰色和三原色

将二楼拉门全部打开时

将拉门全部闭合后可分出独立的卧室、客餐厅，巧妙的布局很好地保证了私密性

卧室

卧室

客餐厅

楼梯间用玻璃门隔开

将二楼拉门全部闭合时

将美丽的田园风光尽收眼底

客餐厅的拐角处不设柱子，而是采用了角窗设计。
打开两扇角窗后，房中的棱角便消失不见了，室内
与室外的大自然融为一体。

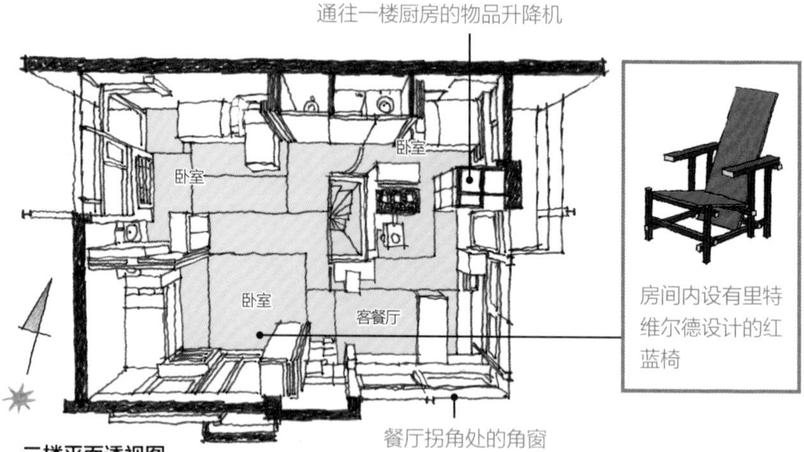

通往一楼厨房的物品升降机

卧室

卧室

客餐厅

二楼平面透视图

餐厅拐角处的角窗

房间内设有里特
维尔德设计的红
蓝椅

拐角处不设柱子

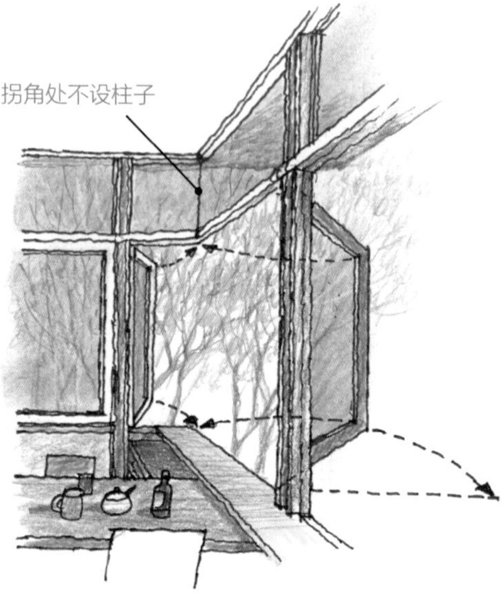

餐厅的角窗

格里特·托马斯·里特维尔德

Gerrit Thomas Rietveld（1888—1964）

探索无止境，打破固有观

里特维尔德打造的施罗德住宅（参见第13页）和红蓝椅等代表作品与风格派理念完美契合，给世界各国带来了巨大的冲击。或许正是因为这一点，人们经常把他和风格派放在一起谈论。但事实上，里特维尔德在制作红蓝椅的初期阶段，尚未被人们认作为风格派。由此看来，说他的设计与风格派不谋而合也许更加准确。

里特维尔德在完成施罗德住宅后，自20世纪20年代后期便开始尽量避免对色彩过度使用，在私人住宅领域更是越来越注重居住环境本身的功能性和舒适度。除此之外，他还投身于大规模的公共建筑领域，代表作品有威尼斯、维也纳的荷兰馆等。里特维尔德不断尝试将新型建筑结构、新式建筑材料应用于各式各样的建筑中。他也热衷于通过建筑设计来解决社会问题和建筑技术层面的问题，例如他设计的劳动群体居住的集体住宅建筑和预制装配化建筑[1]等。然而遗憾的是，这些作为都鲜为人知。

里特维尔德的父亲是一位家具手工艺者，他自幼跟随父亲学习家具设计，并几乎自学了所有的建筑知识。长大之后的他展现出精湛的建筑才能，但这种才能并非来自对理论的思考，而是凭借家具手工艺者的直觉和多年积累的经验不断打磨而成。这些才能不仅体现在家具制作方面，在建筑领域也大放异彩。纵观里特维尔德从创作初期直至其晚年的所有作品，无一不是丰富多彩而又富于变化的。这些隐藏于风格派面纱之下的"作品的进化"，才真正体现了他的设计精华。

[1] 预制装配化建筑是将工厂生产的部件在现场组装的建筑法。

梅利尼科夫住宅

俄罗斯前卫艺术的『梦想家园』

康斯坦丁·梅利尼科夫 俄罗斯莫斯科

20世纪初，苏联兴起了"俄罗斯前卫艺术"运动，身为建筑师、画家的梅利尼科夫就是参与者的一员。他亲自打造的这所私人住宅风格独特，与以往的建筑物都大不相同。他用灰泥涂刷墙壁，晾干固化后的白色墙壁上没有任何装饰物，住宅整体设计呈简约流畅的几何形态。这些设计虽然充满了现代元素，但别出心裁的两个圆柱形建筑物和整齐排列的六角窗设计，都与当时在欧洲盛行的现代主义建筑[1]大相径庭，绽放出了独特的魅力。

该住宅内部最具特色的要数供4名家庭成员共同使用的卧室。梅利尼科夫在设计之初，虽然设想把家人的日常生活空间都安排在一楼，但最终还是将卧室单独放到了二楼。据说，这源于他认为"睡眠是邂逅梦乡的重要时间"的想法，于是便有了这间精心设计的卧室。在该住宅的三楼设有高高的天花板，并安装了38个六角形窗户，阳光透过它们照射进来，可以照进他的画室。

梅利尼科夫的私人住宅采用一般工业技术，通过砖块的错位堆积建造而成。整座住宅建筑既充满了前卫主义精神，又颇具反现代主义风格，妙趣横生。

---

[1] 现代主义建筑是工业革命后，为适应新时代的要求，谋求更合理、更大众化的新型建筑方式。

六角窗中的靓丽风景

六角窗的设计独具匠心，颇有趣味。窗口设计未使用传统的横梁构造，而采用了砖块错位堆积的方式。

建筑年份：1929年
结构：砖（部分木结构）
层数：地上三层、地下一层
总面积：236 m²

画室与起居室的天花板高度约为4.7 m

窗户为双层构造，可以开合

从画室内部向外看

> 梅利尼科夫住宅 / 康斯坦丁·梅利尼科夫

契合砖构造的圆柱形建筑

在众多俄罗斯前卫艺术主义的建筑中，住宅建筑十分稀有，这是因为当时人们普遍认为私人住宅是很奢侈的事物。

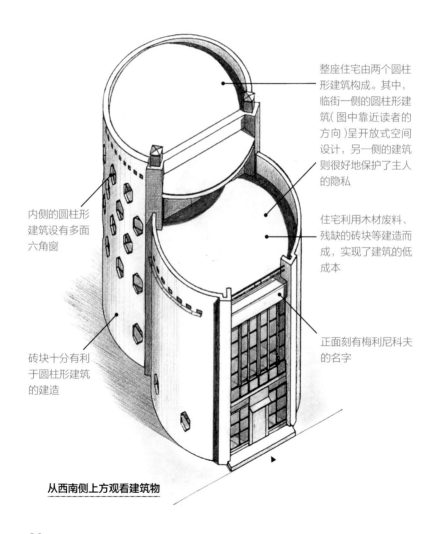

整座住宅由两个圆柱形建筑构成。其中，临街一侧的圆柱形建筑（图中靠近读者的方向）呈开放式空间设计，另一侧的建筑则很好地保护了主人的隐私

内侧的圆柱形建筑设有多面六角窗

住宅利用了木材废料、残缺的砖块等建造而成，实现了建筑的低成本

砖块十分有利于圆柱形建筑的建造

正面刻有梅利尼科夫的名字

从西南侧上方观看建筑物

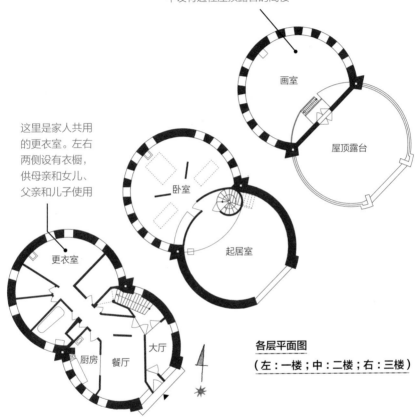

梅利尼科夫的儿子也是一名画家，曾在这里作画。画室中设有通往屋顶露台的阁楼

画室

屋顶露台

这里是家人共用的更衣室。左右两侧设有衣橱，供母亲和女儿、父亲和儿子使用

卧室

起居室

更衣室

厨房　餐厅　大厅

各层平面图

（左：一楼；中：二楼；右：三楼）

备忘录

梅利尼科夫住宅是一座为数不多的实现了俄罗斯前卫艺术主义思想的建筑，可惜现在正面临被拆除的风险。

罗滕堡别墅
——
阿纳·雅各布森

丹麦卡拉姆堡

建筑、室内装潢、家具的综合设计

雅各布森是20世纪丹麦著名建筑师与工业产品、室内家具设计大师。他将丹麦的设计传播至世界各国，是现代主义风格[1]的代表人物之一。他被工艺美术运动中的代表思想"综合艺术"（主张通过建筑师的细节设计呈现出建筑物协调统一的美感）深深吸引，并在自己的作品中加以实践。

罗滕堡（Rothenborg）别墅是雅各布森创作初期的作品，他亲自完成了建筑、内部装潢、家具等几乎全部的设计工作。该别墅平面呈n形，由地下一层和地上两层共同构成。虽然内部结构复杂，但从庭院看到建筑物的正面外观却又极其简约大方。雅各布森通过提升加固部分地面，使庭院与建筑物之间、建筑物与大自然（环绕在住宅顶部阳台与住宅建筑周围的树木等）之间实现了协调统一。虽然室内设计得低调朴素，但又不乏考究的家具和精致的照明等为其增添色彩。在居住功能性方面，雅各布森也考虑得十分周全，很好地保证了家人的私人空间。

罗滕堡别墅也可以说是雅各布森的实践基地。该别墅无论建筑物本身还是室内装潢，都采用了典型的雅各布森式设计，成为雅各布森作品的原型，为其日后的成功奠定了坚实的基础。

[1]　现代主义风格，超越现代建筑中的风土人情、民族宗教等因素，是一种世界通用样式，国际风格。

与建筑物融为一体的家具设计

建筑年份：1930年
结构：砌体结构
层数：地下一层、
　　　地上两层
总面积：约430 m²

近年来，罗滕堡别墅历经多次翻修，其内部的设备与家具也焕然一新，这些综合设计的家具与室内装潢共同营造出协调统一的美感。

灯具呈有机造型设计，精致美观

餐室的内部装潢

椅子是由埃罗·沙里宁设计的郁金香椅，采用工业材料(塑料)制成

备忘录

雅各布森将建筑、家具、陈设等多种丹麦的设计传播到世界各国。时至今日，人们依然对那些有机造型设计的家具和精致优美的陈设赞叹不已。

前所未有的纯白色建筑

雅各布森打破了当地传统建筑风格的束缚，在森林的环抱中建造了一座白色建筑。它是如此简约，又是那般耀眼。罗滕堡别墅的设计对于雅各布森来说是一次重大的转机。

建筑面向庭院正面开放，一种与大自然融为一体的感觉油然而生

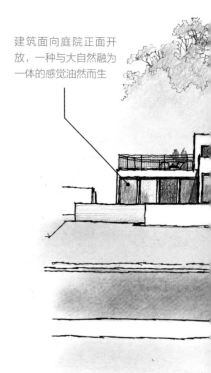

将陈设与建筑有机结合的建筑师

罗滕堡别墅竣工28年后，也就是1958年，被称为雅各布森代表作的两把椅子问世。

鹅蛋椅

天鹅椅

各楼层平面图
（地下楼层）

储藏室

燃料库

洗衣间

干燥间

纯白色的
外观，简
约美观

建筑物北面外观

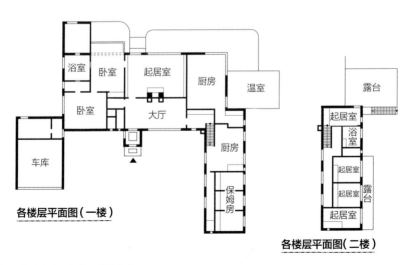

浴室 卧室 起居室 厨房 温室

卧室 大厅 厨房

车库 保姆房

露台

起居室
浴室
起居室
起居室 露台
起居室

各楼层平面图（一楼）

各楼层平面图（二楼）

萨伐伊别墅

勒·柯布西耶　法国普瓦西

出自巨匠之手的20世纪杰出作品

树木林立的缓坡草坪上，一座纯白色的矩形建筑仿佛悬于空中，这就是著名的萨伐伊别墅。该别墅第一层的支柱式结构托举起庞大的建筑上层，营造出视觉上的不平衡感，使之别具一格。与以往建筑被墙面束缚的设计不同，它成功地摆脱了墙面的限制，能够自由地进行设计。柯布西耶不仅让别墅悬空，还设计制作了与地面分离的庭院——屋顶花园。

整栋别墅的看点颇多，比如在一层的立柱空间中设置了马蹄形车道，这是根据车辆的转弯行驶轨迹设计而成的，极大程度地方便了车辆的行驶。二楼为环绕露台的L形布局设计，起居室通过玻璃窗与露台融为一体。露台四周是敞口设计的墙面，露台中设有长桌，整体感觉如同室内。从一楼延续至屋顶的坡道贯穿室内和室外，在这里可以捕捉到意想不到的风景，别有一番乐趣。

萨伐伊别墅挣脱了以往传统建筑思维的束缚，真正践行了柯布西耶的新式建筑思想[1]。它对当时的社会产生了巨大影响，是建筑史上的一部杰作，至今仍被大家津津乐道。

---

[1] 新式建筑思想指柯布西耶提倡的现代建筑五原则，即底层架空立柱、屋顶花园、自由平面、横向长窗和自由立面。

悬空的白色矩形建筑

建于缓丘之上的白色建筑，如同悬空一般的构造设计令人惊叹。

建筑年份：1931年
结构：钢筋混凝土结构
层数：地上两层、地下一层
总面积：360 m²

萨伏伊别墅北侧外观

通往立柱空间内的马蹄形车道，为两条单向行驶车道

俯瞰图

充满设计元素的住宅建筑

这里的景象曾被柯布西耶反复描绘于图纸上，可以说是他最珍爱的景观之一。

延续至屋顶花园的坡道，在这里可以看到所有的人员往来的情景

从二楼露台看到的起居室

此处设有一张嵌入式混凝土材质的桌子，使人仿佛置身于室内

起居室内透过横向长窗，可以饱览室外的自然风光

大敞口的设计将室内、室外融为一体

架空的主楼

在半空中欣赏自然风光，
感受自然的独特魅力。

从西侧看到的建筑物

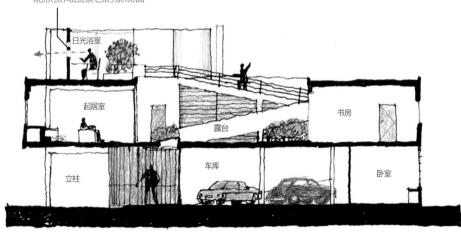

能欣赏周围景色的景观窗

日光浴室

起居室

书房

露台

立柱

车库

卧室

剖面图

践行现代建筑五原则

柯布西耶在萨伏伊别墅的设计建造中，践行了现代建筑五原则，即：1.屋顶花园；2.自由立面；3.底层架空立柱；4.横向长窗；5.自由平面。这五个建筑元素无一不是对传统建筑的否定。

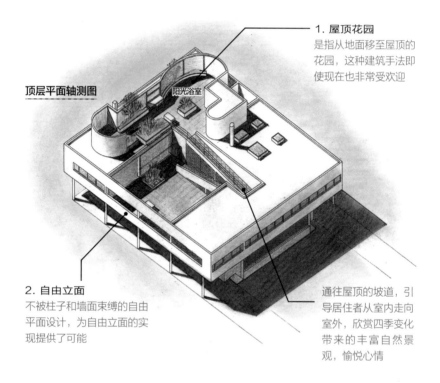

顶层平面轴测图

阳光浴室

1. 屋顶花园
是指从地面移至屋顶的花园，这种建筑手法即使现在也非常受欢迎

2. 自由立面
不被柱子和墙面束缚的自由平面设计，为自由立面的实现提供了可能

通往屋顶的坡道，引导居住者从室内走向室外，欣赏四季变化带来的丰富自然景观，愉悦心情

备忘录

柯布西耶在完成萨伏伊别墅设计时，曾来到布宜诺斯艾利斯进行演讲。在演讲中，他说道："在阿根廷美丽的田园中，也能够建造萨伏伊别墅；在绿草如茵的广阔牧场之中，可以建起20座萨伏伊别墅。架空的别墅与大自然融为一体，周围的树木与牛群可以保持原状。"由此我们或许可以推测，当年的柯布西耶是把萨伏伊别墅作为今后理想住宅的模型而建造的。

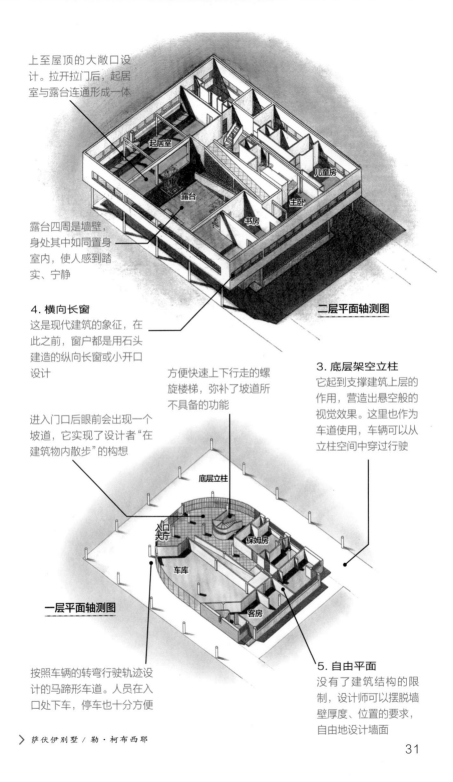

上至屋顶的大敞口设计。拉开拉门后，起居室与露台连通形成一体

起居室

露台

书房

儿童房

主卧

二层平面轴测图

露台四周是墙壁，身处其中如同置身室内，使人感到踏实、宁静

4. 横向长窗
这是现代建筑的象征，在此之前，窗户都是用石头建造的纵向长窗或小开口设计

方便快速上下行走的螺旋楼梯，弥补了坡道所不具备的功能

3. 底层架空立柱
它起到支撑建筑上层的作用，营造出悬空般的视觉效果。这里也作为车道使用，车辆可以从立柱空间中穿过行驶

进入门口后眼前会出现一个坡道，它实现了设计者"在建筑物内散步"的构想

底层立柱

入口门厅

保姆房

车库

客房

一层平面轴测图

按照车辆的转弯行驶轨迹设计的马蹄形车道。人员在入口处下车，停车也十分方便

5. 自由平面
没有了建筑结构的限制，设计师可以摆脱墙壁厚度、位置的要求，自由地设计墙面

萨伏伊别墅中的名作家具

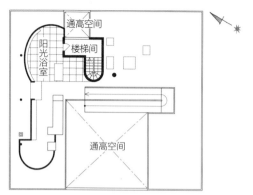

顶层平面图

通高空间
楼梯间
阳光浴室
通高空间

二层平面图

厨房　露台　书房　儿童房
主卧
起居室　书房
露台

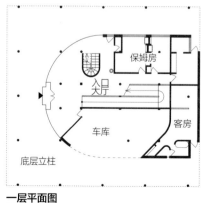

一层平面图

保姆房
入厅
车库　客房
底层立柱

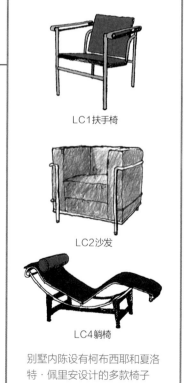

LC1扶手椅

LC2沙发

LC4躺椅

别墅内陈设有柯布西耶和夏洛特·佩里安设计的多款椅子

雅各布斯别墅——美国中产阶级的梦想家园

弗兰克·劳埃德·赖特

美国威斯康星州

　　大家可能认为有名的建筑师都是专为富人设计别墅的，事实上并非如此。现代建筑巨匠弗兰克·劳埃德·赖特就在自己的晚年时期，专门为普通的中产阶级家庭设计了诸多小型独栋住宅。这些被称为"梦想家园"的建筑价格适中，一般的中产阶级也能买得起。

　　"梦想家园（Usonian）"一词源于对理想之乡"乌托邦（Utopia）"的变形，意为"能够让所有人都拥有庭院住宅和汽车的社会"，反映了赖特的理想追求。

　　雅各布斯别墅是梦想家园系列中最杰出的作品之一。低矮探出的屋檐、融入周围环境的设计，都与赖特创作初期的草原式风格[1]极为相似。但经历了大萧条时期（1929—1933年间的经济危机）的人们，生活趋于朴素简约，并愈发重视家庭生活。

　　L形布局设计是梦想家园的特征之一，赖特将厨房和餐厅这两大功能区设置在了L形布局的拐角处。受经济危机的影响，中产阶级家庭已经无力雇佣仆人，主妇们需要独自承担所有家务。赖特洞察到了这一变化，认为主妇和她们的工作区域才是"整个家庭中最重要的地方"。

---

[1] 草原式风格的建筑给人一种如同在大草原上行走的感觉，强调控制高度和水平线条，并主张内部减少房间隔断，打造强流动性的平面样式。

拥抱大自然的L形平房建筑

当时美国的住宅建筑多为两层箱形结构，而赖特不按常理出牌，构思了一座与周边庭院融为一体、舒展平铺的住宅。

建筑年份：1936年
结构：砖混结构
层数：一层
总面积：144 m²

剖面透视图

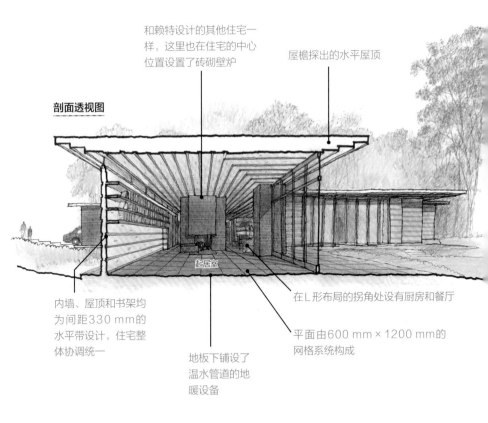

和赖特设计的其他住宅一样，这里也在住宅的中心位置设置了砖砌壁炉

屋檐探出的水平屋顶

在L形布局的拐角处设有厨房和餐厅

平面由600 mm×1200 mm的网格系统构成

地板下铺设了温水管道的地暖设备

内墙、屋顶和书架均为间距330 mm的水平带设计，住宅整体协调统一

起居室

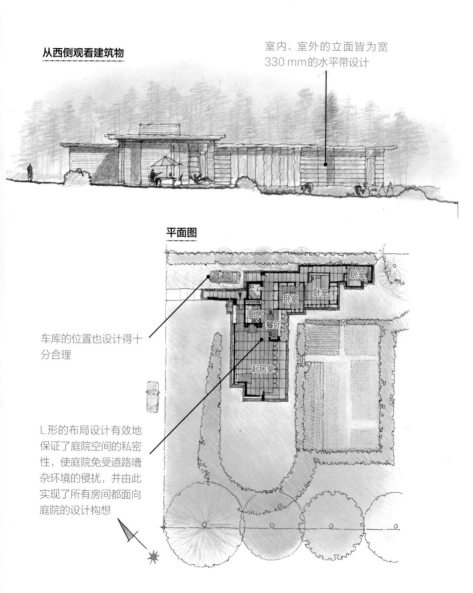

从西侧观看建筑物

室内、室外的立面皆为宽330 mm的水平带设计

平面图

车库的位置也设计得十分合理

卧室

卧室

卧室

厨房

餐厅

起居室

L形的布局设计有效地保证了庭院空间的私密性，使庭院免受道路嘈杂环境的侵扰，并由此实现了所有房间都面向庭院的设计构想

雅各布斯别墅／弗兰克·劳埃德·赖特

厨房是住宅建筑的重点

整座住宅建筑以餐厅和厨房为中心，由此延伸出家人的共享空间（起居室）和个人的独立空间（卧室等）。

**餐厅、厨房
平面透视图**

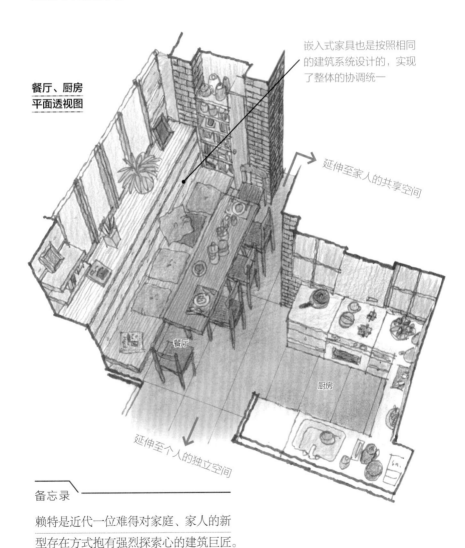

嵌入式家具也是按照相同的建筑系统设计的，实现了整体的协调统一

延伸至家人的共享空间

餐厅

厨房

延伸至个人的独立空间

备忘录

赖特是近代一位难得对家庭、家人的新型存在方式抱有强烈探索心的建筑巨匠。

弗兰克·劳埃德·赖特

Frank Lloyd Wright（1867—1959）

建筑的价值不以材料的贵贱论高低

　　大正时期（1912—1926），日本政府为实现社会现代化，大力推行建造迎接海外宾客的迎宾馆。由此，帝国酒店（旧馆）便应运而生，而被委以设计重任的便是美国著名设计师赖特。

　　赖特选用了被称为现代化建筑代表材料的大谷石。这种加工材料产自日本关东地区的北部，是灰岩的一种。它虽然质地柔软易加工，但也有防水性差、易风化的不足之处。正因为如此，大谷石作为廉价的材料，多用于建造围墙等。赖特着眼于大谷石易于加工的特点，决定选用它作为帝国饭店（旧馆）内外装潢的主要材料。但是消息一出，立即遭到了酒店建设委员会的强烈反对，他们拒绝使用这种廉价材料建造外国高官下榻的酒店。对此，赖特始终坚持"材料没有贵贱之分"的观点，在大谷石匠人高超技艺的助力下，完成了复杂的装饰艺术风格的装潢，成就了这座外形大方美观、内部散发着独特魅力的帝国酒店。它是赖特的经典作品，至今仍有部分酒店建筑留存于明治村（位于日本爱知县）。[1] 赖特用这座酒店建筑向世人证明了"建筑物的价值绝非由建材的贵贱来决定"这一主张。

---

[1] 只有中央玄关部分被拆除新建。

流水别墅

美国宾夕法尼亚州

弗兰克·劳埃德·赖特

建于瀑布之上的梦幻住宅建筑

裸露在外的天然岩石断层、郁郁葱葱的山间树木、两帘清澈的瀑布于山体斜坡处交汇，眼前的一切编织出一幅壮丽的自然景观，令人心驰神往。富商考夫曼发现了这块宝地，想要在此建造一座可以远眺瀑布的别墅。

赖特接受委托设计此别墅，他决定不走寻常路，要在这里建造一座工程难度较高的建筑。他提议将住宅建在瀑布之上，使住宅整体与壮丽的自然景观融为一体。当然，实际建造时并没有真的在倾泻的瀑布流水中修建，而是采用挑梁结构[1]，让建筑物从瀑布上方探出，远远望去，瀑布仿佛是从住宅的正下方源源不断流出的。这番景象的实现得益于两个方面的戏剧性结合：一是建筑采用水平线和垂直线相互交错的结构设计，二是水平流动的水面与住宅正下方倾泻的瀑布之间形成的视觉反差。

大自然的鬼斧神工在造就壮丽景观的同时，也限制了建筑的建造。然而，面对如此错综复杂的自然环境，赖特丝毫没有退缩，他详尽地调查并掌握了这里的每处细节，最终将自然景观巧妙地融入了建筑设计之中。

赖特是一位热爱大自然的建筑师，流水别墅真正实现了他"方山之宅"（house on the mesa）的梦想，传达了他"建筑物与大自然融合统一"的思想。

---

[1] 挑梁结构指建筑物主体结构探出，且其前端没有地板或横梁做支撑的建筑结构。

融于自然景观的建筑

流水别墅的建成离不开设计师赖特精心的
准备工作。他仔细观察瀑布、岩石的位置，
分析树木的种类，全面调查、研究当地的
地质地貌，最终成就了这座世界名宅。

建筑年份：1936年
结构：钢筋混凝土结构
层数：地上三层、地下一层
总面积：340 m²

通往客房的路线和轻便的外廊

从东南侧上方俯瞰建筑物

建筑外观强调水平设计，
与水面协调统一

惊现瀑布之上的建筑

奔流倾泻的瀑布、郁郁葱葱的森林，还有融入自然的建筑，这些都可以在通往建筑物的途中远眺、欣赏。如此壮丽的景观要归功于设计者的精心布局谋划，他通过巧妙的设计将一幅宏大壮观的画卷呈现在了大家的面前。

强调垂直线条的石砌墙壁，与自上而下奔流的瀑布相互呼应

从南面仰视建筑物

采用挑梁结构使建筑物大幅探出，看上去就像是在瀑布上建造的住宅

吊梯的设计缩短了露台与水面的距离，透过踏步板之间的缝隙能够看到潺潺流水

40

为实现设计师的大胆构思提供可能的自然山岩

整座建筑最精彩的设计，莫过于由自然山岩做支撑的悬臂式构造。设计师的巧妙构思，不仅使建筑物的外观完美融入了自然风景，更利用合理的设计构造使建筑物与自然实现了协调统一，令人拍案叫绝。

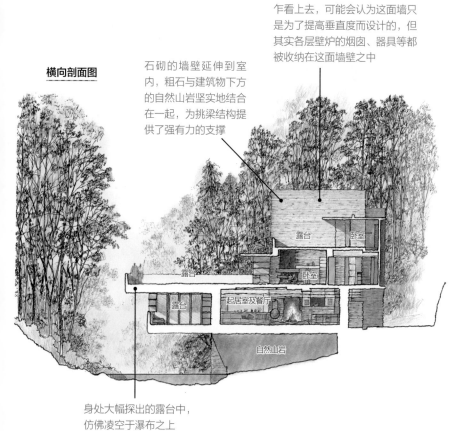

乍看上去，可能会认为这面墙只是为了提高垂直度而设计的，但其实各层壁炉的烟囱、器具等都被收纳在这面墙壁之中

石砌的墙壁延伸到室内，粗石与建筑物下方的自然山岩坚实地结合在一起，为挑梁结构提供了强有力的支撑

横向剖面图

露台

卧室

露台

卧室

露台

起居室及餐厅

自然山岩

身处大幅探出的露台中，仿佛凌空于瀑布之上

> 流水别墅／弗兰克·劳埃德·赖特

起居室的中心是山岩

设计者将自然山岩巧妙地融入室内设计中，其中最为典型的莫过于位于住宅中心位置的山岩与壁炉的组合，其实现了自然与建筑的完美融合。

起居室的壁炉

利用壁炉之火暖酒的器具

特意露出自然山岩，营造壁炉专属地面

与外墙一样，内墙也用当地的山岩堆砌而成，实现了内外的统一

备忘录

赖特因为丑闻事件失去了作为建筑师的崇高地位和声誉，默默熬过了长达20年的低谷期。流水别墅的建造将他从黑暗中拉出，迎来了事业上的转机。堪称天才建筑师的赖特牢牢抓住了这次机会，打了一场漂亮的翻身仗。

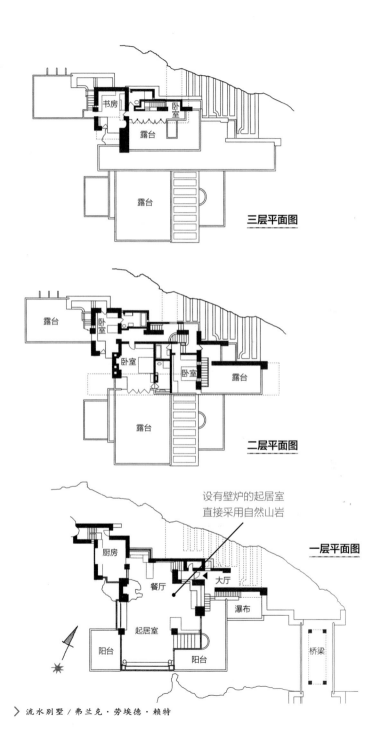

三层平面图

书房
卧室
露台
露台

二层平面图

露台
卧室
卧室
卧室
露台
露台

一层平面图

设有壁炉的起居室
直接采用自然山岩

厨房
餐厅
大厅
瀑布
桥梁
起居室
阳台
阳台

流水别墅／弗兰克·劳埃德·赖特

43

夏之屋

埃里克·古纳·阿斯普伦德

瑞典尼奈斯港

将现代和传统结合起来的住宅建筑

大家普遍认为，所谓现代建筑，就是那些否定传统和地域性，采用铁制和玻璃等新型建筑材料，注重房间功能性和布局合理性的建筑。

然而，丹麦现代建筑师阿斯普伦德就通过夏之屋的建造为人们带来了新的启示。夏之屋在采用传统建造工艺、融入当地风土人情的同时，又加入了现代主义元素，实现了传统与现代的交汇融合。

夏之屋是阿斯普伦德为家人和自己在瑞典建造的一座住宅。虽然是平房构造，但起居室、卧室、餐厅等区域的地面高度都有所不同，在室内也能感受到舒缓的坡度。在整座住宅中，起居室是最低矮的房间，这是由于阿斯普伦德想要透过起居室的大窗户欣赏到对面的海湾美景，因而特意为之。除此之外，他还错开了起居室与其他房间的方向，以便能一览无遗地观赏自然景致。

住宅内部暖气设施齐备，现代简约的嵌入式家具一应俱全，将有机综合的设计体现得淋漓尽致。另一方面，建筑选用木材、石头、砖块等传统建筑材料建造，外观设计和传统农舍十分相似。身处这座传统与现代结合的住宅中，让人不禁产生淡淡的怀旧感。

初见平淡无奇的山间小屋

设计者为了使整座住宅融入周边的自然环境，采用的是传统的建造工艺。也正因为如此，建筑物单从外观上看极其普通，与随处可见的山间小屋无异。

建筑年份：1937年
结构：木结构
层数：一层
总面积：115 m²

建筑物前方是辽阔的水域

外墙选用了涂白的窄木板材

五角形的大烟囱

从北侧上方俯视建筑物

庭院中设有壁炉

地面向大海的方向倾斜

> 夏之屋 / 埃里克·古纳·阿斯普伦德

为了观景而错位设计的起居室

平面布局图中，只有起居室采用了偏移整体的错位设计。

配有多扇大小相同的对窗

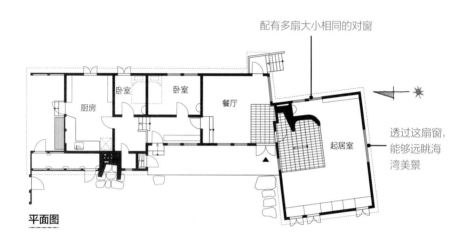

平面图

透过这扇窗，能够远眺海湾美景

厨房

卧室

卧室

餐厅

起居室

设计者因地制宜，巧妙地利用了倾斜的地势，为住宅内部各区域设计了四种不同的地面标高

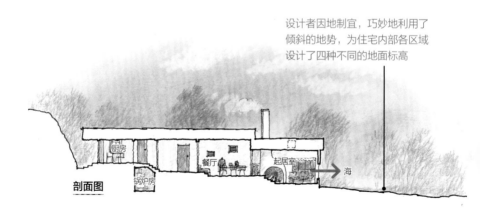

剖面图

厨房

锅炉房

餐厅

起居室

海

神来之笔的起居室设计

有机外观的壁炉、内嵌固定的家具为起居室营造出温馨的氛围。

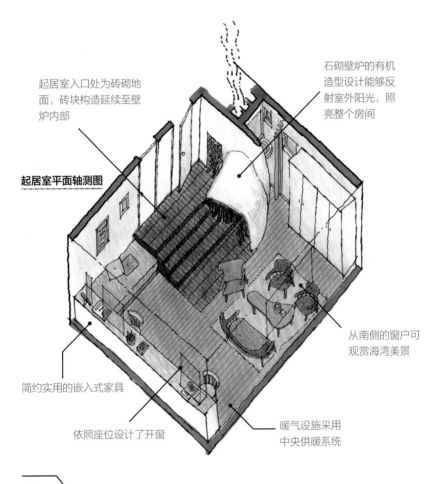

起居室入口处为砖砌地面，砖块构造延续至壁炉内部

起居室平面轴测图

石砌壁炉的有机造型设计能够反射室外阳光，照亮整个房间

简约实用的嵌入式家具

依照座位设计了开窗

从南侧的窗户可观赏海湾美景

暖气设施采用中央供暖系统

备忘录

阿斯普伦德对芬兰现代建筑巨匠阿尔瓦·阿尔托（请参见第84页）产生了极大影响。

> 夏之屋／埃里克·古纳·阿斯普伦德

47

埃里克·古纳·阿斯普伦德

Erik Gunnar Asplund（1885—1940）

逆时代潮流、恰到好处的留白设计

同时代的设计师追求建筑的合理性与功能性，而阿斯普伦德则反其道而行之，他善于倾听居住者的心声，秉承"人心、建筑、环境合而为一"的建筑思想，创作了多个佳作。他独具慧眼，能够敏锐地发掘出每片土地的特质，并在其上设计建造独特的建筑。他所设计的建筑中都包含错位、偏移、留白等构造元素。这些元素就像是沙漠里的绿洲，为人们带来一丝清凉和宁静。另一方面，在细节的处理上，阿斯普伦德更是完美地兼顾了建筑的外观与功能性。例如他的代表作品森林墓地，为了防止到访者受伤，阿斯普伦德将其全部设计成无棱角构造。诸如此类的细节处理还有很多，他就是这样通过恰到好处的细节处理，出色地完成了一座又一座建筑作品。

除了建筑，阿斯普伦德还亲自设计家具、陈设等，这源于他"肩负着设计人类生活环境的重任"这一强烈的使命感。正因为这种坚持，成就了他在北欧建筑领域的至高地位，同为建筑设计师的阿尔托、雅各布森等人深受他的影响，相继开展了建筑、家具、陈设等综合设计的创作活动。在景观设计领域，阿斯普伦德将自己独特的世界观融入作品设计中。他是难得的创作天才，能够源源不断地提出精彩的创意。他又是一位睿智的发掘者，一双慧眼可以发掘每片土地的潜在之美。可以说，他的每座建筑作品都是感性与理性的完美结合体。从环境到建筑细节，从家具到陈设摆件，阿斯普伦德的作品总是在完美的设计上又蒙上一层薄薄的面纱，让人捉摸不透，又欲罢不能。从他的作品中我们看不到时代印记，它是那样大众化，却又那样直击人心。

威奇托住宅——理查德·巴克敏斯特·富勒

美国堪萨斯州

能造福人类的批量生产住宅

　　建筑师富勒认为，住宅设计应该是一种为实现更快捷、更物美价廉的住宅而进行的，面向全世界人民的构思活动，而非只服务于个人。要想让建材的搬运和组装更加简单便捷，就必须要求建筑物本身的设计达到极致轻量化。比如，若想用最少的材料覆盖更多的空间，相较于依靠支柱支撑屋顶的一般构造，能够大幅减轻建材重量的悬挂式屋顶会更加合适。富勒通过一番理论分析后，便开始构思达玛克新住宅[1]。

　　在那之后，富勒花了近20年的时间，才终于建成了达玛克新住宅。富勒以当地地名为其命名，称它为"威奇托住宅"。该住宅在建造形态、居住功能等方面，都与游牧民族的蒙古包（请参见第248页）十分相似。建筑的墙壁由轻薄的铝制材料构成，看上去似乎很容易受到气候变化的影响。但实际上，富勒采用少量的建筑材料设计完成了流线型曲面，它能起到室外避风、室内通气的作用，有效地保证了居住环境的舒适度。威奇托住宅无论构造还是环境方面，都践行了低碳节能的设计理念。

---

[1] 达玛克新是英语"dymaxion"的音译，指富勒以"少费多用"为核心理念创作的系列作品，旨在通过尽可能少的能源、资源消耗，实现尽可能大的生存改善。

量产化的梦想最终未能实现

威奇托住宅的设计灵感源于富勒1928年设想的达玛克新住宅。本来，富勒希望利用停战后需求骤减的战斗机工厂来批量生产威奇托住宅的建材，但最终未能实现。

建筑年份：1929—1945年
结构：钢结构
层数：一层
总面积：约77 m²

达玛克新住宅的构想

达玛克新的英文单词"dymaxion"是dynamic(生动)、maximum(最大)、tension(张力)这三个词的合成词，意为"最大能源限度的"。遗憾的是，威奇托住宅最终未能实现大批量生产

外墙由飞机专用的铝合金材料构成，窗户则采用透明的丙烯酸树脂板制成

与大自然和谐共生的环境对策

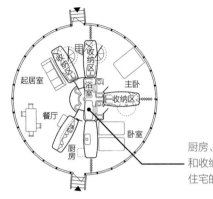

威奇托住宅平面图

厨房、浴室等用水区域和收纳空间都被集中到住宅的中心位置

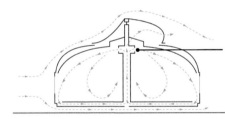

威奇托住宅剖面图

屋顶上设置的通风口能够有效地控制室内空气的流动

备忘录

富勒30岁时，他的长女因小儿麻痹症夭折，他自己也被公司炒了鱿鱼。后来他在接受采访时说道："那段时间我痛不欲生，整日沉迷酒精，甚至想过自杀。站在绝望的谷底，我猛然惊醒，决心要改变这个世界，为人类社会做出贡献。"

达玛克新住宅的构造

据说整座住宅的重量仅约3500 kg，单个建筑材料的
重量控制在5 kg以下，6个工人一天即可完工。

1. 地板骨架

2. 地板支撑脚

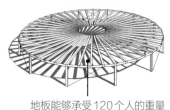

地板能够承受120个人的重量

3. 支撑圆屋顶的立柱

4. 圆屋顶

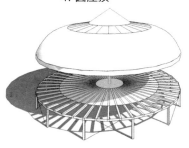

5. 住宅外观

1936年，富勒设计了预制装配式
浴室"dymaxion bathroom"（本
建筑中的一部分），并取得了专利
权，它是现代整体浴室的雏形

巴拉干公寓——

享受孤独的建筑师和他的静谧空间

墨西哥墨西哥城
路易斯·巴拉干

　　起居室内十字架造型的窗棂、一眼望去尽收眼底的窗外庭院、庭院内茂盛繁密的墨西哥植物——这里便是建筑师巴拉干和自然对话的秘密基地。与其形成鲜明对比的是他的书房，书房内看不到任何室外风景，室内的窗户只用来采光，整个房间充满了肃然、安静的气氛，这里是巴拉干和自己对话的静谧空间。

　　据说在整座住宅建筑中，巴拉干最喜欢的并非是开放式的起居室，而是不起眼的狭小餐厅，他认为"只有幽静封闭的空间才能真正为心灵带来宁静"。

　　生活在现代社会的我们拥有太多与人、与物产生连接的工具。这些工具在为人类提供便利的同时，也不可避免地促使人们产生一种"想随时随地和某种事物发生联系"的强迫心理。或许我们可以从巴拉干公寓的设计理念中领悟一些生活启示："家是可以一个人独处的地方""对话自我，和自己相处非常重要"。

　　巴拉干曾讲到："宁静才是治愈烦恼和恐惧的良药。无论奢华还是简陋，建筑师的职责就是使宁静成为家中的常客。"

可以对话自我、拥抱自然的静谧空间

建筑年份：1947—1948年
结构：钢筋混凝土结构
层数：三层
总面积：约420 m²

对路易斯·巴拉干来说，他在墨西哥的家是一个可以用来自省的空间。他在自省时，会抬头仰望辽阔的天空，会和庭院里茂密的野生植物吐露心声。

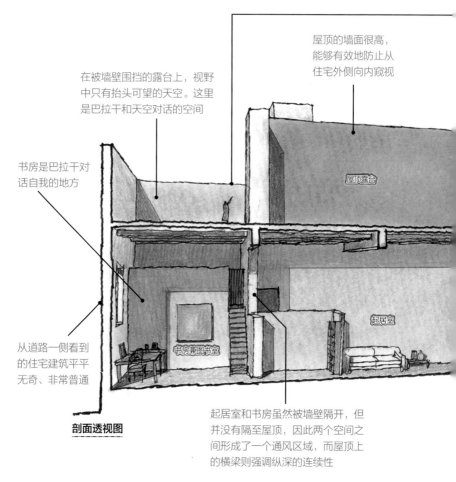

屋顶的墙面很高，能够有效地防止从住宅外侧向内窥视

在被墙壁围挡的露台上，视野中只有抬头可望的天空。这里是巴拉干和天空对话的空间

屋顶露台

书房是巴拉干对话自我的地方

从道路一侧看到的住宅建筑平平无奇、非常普通

书房兼图书室

起居室

起居室和书房虽然被墙壁隔开，但并没有隔至屋顶，因此两个空间之间形成了一个通风区域，而屋顶上的横梁则强调纵深的连续性

剖面透视图

屋顶露台的墙面选用了俏皮的红色、粉色等，与湛蓝的天空交相辉映，展现了墨西哥人特有的审美观念

庭院

起居室是巴拉干和室外狂野自然对话的地方

备忘录

路易斯·巴拉干是一名深受欧洲景观设计和柯布西耶影响的建筑师，与此同时还是个成功的实业家，曾在房地产开发领域大放异彩。他把自己的家形容为"我的心灵避难所"，言简意赅地道出了住宅的本质。在20世纪众多的住宅建筑中，巴拉干公寓被联合国教科文组织列入了世界遗产名录。

墨西哥传统的内省式住宅

符合墨西哥当地风情的传统建筑大多会通过用围墙围出内院（庭院）来表现自省的决心。巴拉干公寓也继承了这一传统。

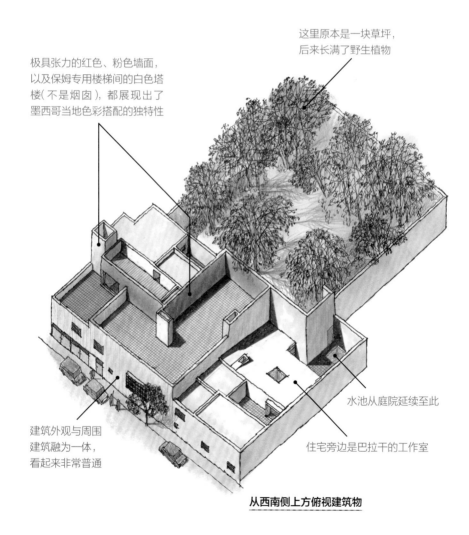

这里原本是一块草坪，后来长满了野生植物

极具张力的红色、粉色墙面，以及保姆专用楼梯间的白色塔楼（不是烟囱），都展现出了墨西哥当地色彩搭配的独特性

建筑外观与周围建筑融为一体，看起来非常普通

水池从庭院延续至此

住宅旁边是巴拉干的工作室

从西南侧上方俯视建筑物

风格迥异的两室，和谐共存的空间

一间对话自然的起居室，一间审视自我的书房，两者相互联通，形成了一个大型空间。在如何隔开两个空间的问题上，设计者可谓下足了功夫，最终他没有选择一通到顶的墙面，而是采用了敞口构造以达到想要的效果。

十字架造型的窗棂让人过目难忘，宽敞明亮的落地窗使人心情舒畅。巴拉干是个虔诚的基督教徒，或许他就曾在这里向着窗外的自然风景祷告、祈祷

巴拉干家中的家具都是大尺寸的，据说是因为他的身材非常魁梧（身高约190 cm）

从一楼起居室望向庭院

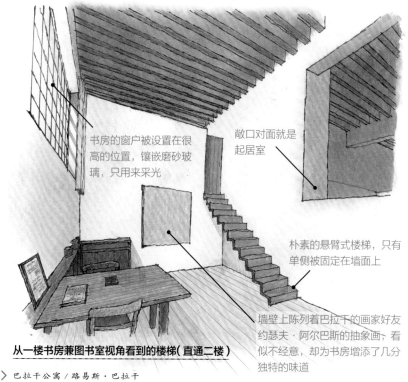

书房的窗户被设置在很高的位置，镶嵌磨砂玻璃，只用来采光

敞口对面就是起居室

朴素的悬臂式楼梯，只有单侧被固定在墙面上

墙壁上陈列着巴拉干的画家好友约瑟夫·阿尔巴斯的抽象画，看似不经意，却为书房增添了几分独特的味道

从一楼书房兼图书室视角看到的楼梯（直通二楼）

〉巴拉干公寓／路易斯·巴拉干

开放与闭塞相邻而居

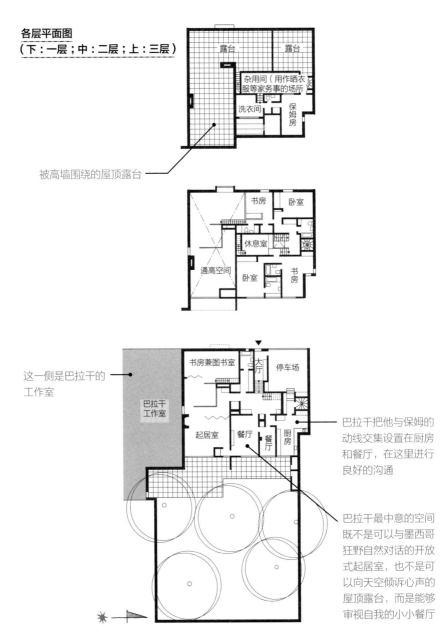

各层平面图
（下：一层；中：二层；上：三层）

露台　露台

杂用间（用作晒衣服等家务事的场所）

洗衣间　保姆房

被高墙围绕的屋顶露台

书房　卧室

休息室

通高空间　卧室　书房

这一侧是巴拉干的工作室

书房兼图书室　大厅　停车场

巴拉干工作室

起居室　餐厅　餐厅　厨房

巴拉干把他与保姆的动线交集设置在厨房和餐厅，在这里进行良好的沟通

巴拉干最中意的空间既不是可以与墨西哥狂野自然对话的开放式起居室，也不是可以向天空倾诉心声的屋顶露台，而是能够审视自我的小小餐厅

路易斯·巴拉干
Luis Barragán (1902—1988)

在辽阔的土地上建造活力住宅

建筑师巴拉干把自己的家建在了墨西哥城的郊外。巴拉干出生于墨西哥第二大城市瓜达拉哈拉，是地主的儿子。长大后的他曾周游西班牙、法国等地，接触到了现代主义建筑风格，回国后便在墨西哥城建造了多处实验性住宅。

巴拉干身高将近190 cm，是位魁梧高大的男子。他设计的住宅也和他的身材相匹配，占地宽广、规模宏大。这种宏大很难用照片或者插图表现出来，不过我们可以从住宅图纸和实物家具中窥见一斑。相信看过的人都会不由得发出"真不愧是壮汉的家"这样的感叹。但是，笔者不禁思索，设计师巴拉干建造宏大的住宅、设计大型的家具，应该不只是因为自己身材魁梧吧。之所以这么认为，是因为从巴拉干的众多作品中可以看出，他并没有被现代主义实用美学的条条框框束缚，而是不断地尝试设计与辽阔的土地特质相匹配的住宅，并不断地进行实践。

生动鲜明的墙面色彩，大胆新奇的起居室通风口，惯用色彩搭配形态各异的大号木质家具，这些设计元素无一不体现了巴拉干的建筑理念。他设计的住宅，无论是人与空间，还是室内与室外，都拥有良好的平衡关系。在热情的建筑格调下保持着适度的距离感，或许这就是它能成为世界名宅的奥秘所在吧。

伊姆斯住宅

——美国加利福尼亚州

查尔斯·奥蒙德·伊姆斯、蕾·伊姆斯

伊姆斯夫妇共同建造的经典实验住宅

伊姆斯夫妇享有"全能设计师"的美誉，家具设计自不必说，布料、画报、新类别艺术空间也都是他们的设计对象。夫妻二人还亲自摄制电影，可谓是涉猎甚广。对他们而言，任何设计都与建筑设计大同小异，因此不必区分界定设计的领域。由他们共同建造的伊姆斯住宅一直以来被大家奉为伊姆斯建筑的最高杰作，未曾想它只是二人应某建筑杂志"案例研究住宅"企划的邀请而建造的一座实验住宅。[1]

夫妻二人一直秉承"低造价、高质量、可批量生产"的设计理念，在住宅设计中积极尝试使用工厂、仓库的成品窗框，并对它们进行组装构思。伊姆斯住宅采用的就是这种成品窗框，并将它作为住宅设计的标准尺寸。当时，市面上有专门的住宅用窗框，但伊姆斯夫妇却大胆地采用了工厂用窗框。这一选择不但大大降低了房屋的制造成本，还营造出普通住宅所不具有的大敞口空间，带给人视觉上的通透感。

开放式客厅是有着两层楼高度的挑高空间，在这里可以享受和煦的阳光和室外的美景。与此同时，小屋的天花板则做得低矮一些，由此可为小小的空间带来持久的宁静，从而提升居住的舒适感。

---

[1] 伊姆斯住宅是"案例研究住宅8号"，"案例研究住宅22号"是皮埃尔·科恩格设计建造的斯塔尔住宅（请参见第101页）。

组合成品材料,建造理想住宅

伊姆斯住宅是一座实验住宅,实验目的是使用最少的材料建造最大的空间。其中,打通的屋顶高度约为5.1 m。

建筑年份:1949年
结构:钢结构
层数:两层
总面积:190 m²

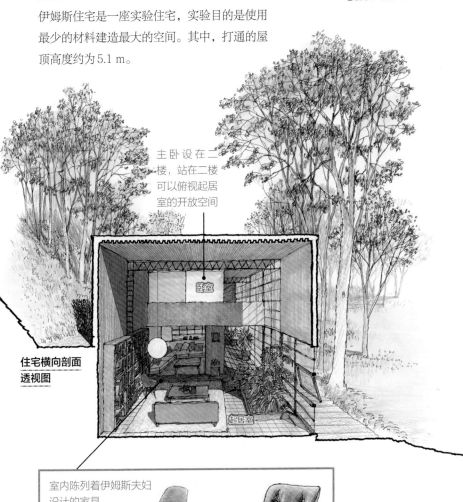

主卧设在二楼,站在二楼可以俯视起居室的开放空间

卧室

住宅横向剖面透视图

起居室

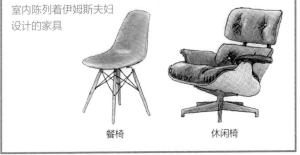

室内陈列着伊姆斯夫妇设计的家具

餐椅　　　　休闲椅

由住宅栋和工作栋组成的建筑

伊姆斯住宅被列为美国国家历史建筑物。它由两栋楼组成，分别为住宅栋和工作栋，在两栋楼之间建有中庭庭院。建筑物内部多采用天然材料，例如工作栋的地板使用的就是木砖。

住宅栋、工作栋和庭院之间通过一面一层楼高的混凝土护墙连为一体

从东北侧看到的建筑物

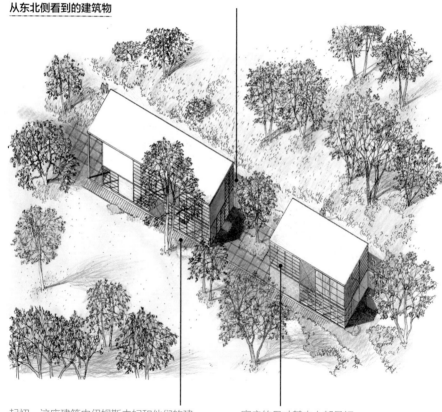

起初，这座建筑由伊姆斯夫妇和他们的建筑师好友埃罗·萨利宁共同设计，他们原本想建一座斜坡外飘的建筑，但为了保护当地植被，最终改成了平地建造

窗户的尺寸基本上都是标准尺寸，单个大小约为2.3 m×2.4 m

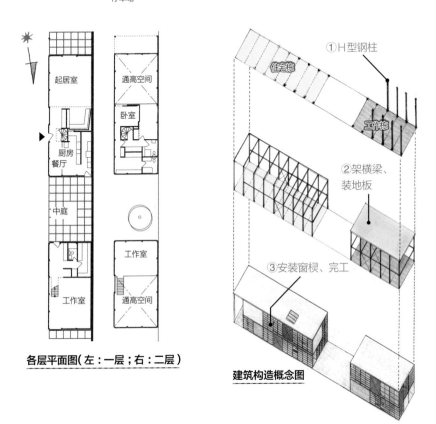

停车场

起居室

通高空间

卧室

厨房
餐厅

中庭

工作室

工作室

通高空间

各层平面图（左：一层；右：二层）

①H型钢柱

住宅栋

工作栋

②架横梁、
装地板

③安装窗棂、完工

建筑构造概念图

备忘录

伊姆斯夫妇对日本文化有较多研究，不仅和日本设计大师柳宗理、剑持勇、渡边力有来往，还在自己的家中铺设榻榻米、举办品茗会。

> 伊姆斯住宅／查尔斯·奥蒙德·伊姆斯、蕾·伊姆斯

查尔斯·奥蒙德·伊姆斯 蕾·伊姆斯

Charles Ormond Eames, Jr.
(1907—1978)
Ray Eames (1912—1988)

住宅建筑新风尚——工业成品的运用

20世纪，建筑师们都竞相追求新的建筑思想，他们坚信"为原创优品倾尽所有"就是自己的使命，于是大量的实验性小规模住宅如雨后春笋般拔地而起。与此同时，一股强劲的工业化浪潮即将席卷整个建筑领域。站在时代前沿的人中便有伊姆斯夫妇，他们首次尝试将批量生产的工业成品引入到住宅建筑当中。

夫妻二人应某建筑杂志"案例研究住宅"企划（由建筑师设计并建成示范性独栋住宅的企划案）的邀约，设计并建造了伊姆斯住宅（请参见第60页）。该住宅中的门窗、墙面等全部采用了建材宣传册里的成品材料。据说在杂志社要变更方案时，伊姆斯夫妇只动了一根横梁就完成了改造，这后来成了一段佳话。虽然他们使用的都是非常普通的工业成品，却丝毫不影响建筑的整体效果。一件件普通的成品材料经过他们精心的设计布局后，华丽地蜕变成了一个又一个独具魅力、个性鲜明的空间。伊姆斯住宅建成后，夫妻二人住进了这里。他们的人生观、世界观也在岁月的沉淀中慢慢地渗透到家中的每一个角落，使整座住宅散发着成熟的味道。

在那个年代，人们普遍认为工业成品是用于工厂、仓库的建造材料，不适用于住宅建筑。伊姆斯夫妇的大胆尝试创立了一种新型的建筑思想，可以说他们是当今社会预制装配式住宅的先锋人物。

范斯沃斯住宅

巨匠的最后一座私人住宅作品

密斯·凡·德·罗

美国伊利诺伊州

范斯沃斯住宅由现代建筑巨匠密斯·凡·德·罗设计建造，这是他众多知名作品中的一座。委托人范斯沃斯小姐希望在大自然中建造一座周末别墅，因此对房屋的功能需求并不高。于是，密斯打造的这座林间别墅与其说是住宅，不如说更像是一个展示抽象建筑的"展览厅"。

走过离地设计的门廊穿过玄关进入玻璃房，除了中心位置围成卫生间、浴室的墙壁外，呈现在我们面前的就是一个通透的大房间。站在屋内，身体仿佛悬在半空，满眼尽是美景，十分惬意。住宅虽然是采用玻璃和铁板等人造材料以直线线条设计完成的，但建筑整体却完美地融入自然中。

然而，在"展览厅"内生活可没想象中那么简单。委托人范斯沃斯小姐起初虽然说是想要一座周末别墅，但实际上她是想长期住在里面的。当她真正住进去后，因房屋功能的欠缺没少向密斯抱怨。另一方面，密斯对"住宅"本身完全没有兴趣，他想设计的就是"抽象的家"，最终双方不欢而散[1]。也正因如此，这座将"抽象的家"的概念发挥到极致的经典住宅建筑，成为密斯建造的最后一座私人住宅。

---

[1] 因施工费用等纠纷，两人打了多年官司。

走进"展览厅"

离地设计的入口门廊占到了范斯沃斯住宅整体面积的1/3，属于外部区域。通过门廊的小型楼梯可以直接进入玻璃房。

建筑年份：1950年
结构：钢结构
层数：一层
占地面积：约39 000 m²（原始）
总面积：93 m²（室内）

支柱采用的材料是200 mm×200 mm的H型钢。和玻璃屋不同（请参见第70页），它的支柱是装在玻璃外面的

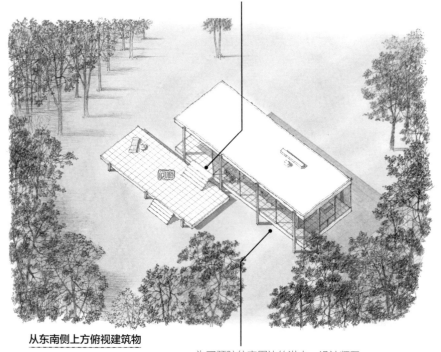

从东南侧上方俯视建筑物

为了预防住宅周边的洪水，设计师采用了离地1.5 m的干阑式建筑构造。但据说即便如此，范斯沃斯住宅也曾遭遇水淹地板的窘境

由玻璃和铁板组成的房子

住宅的离地设计与日本弥生时代的干阑式住宅
有异曲同工之效。

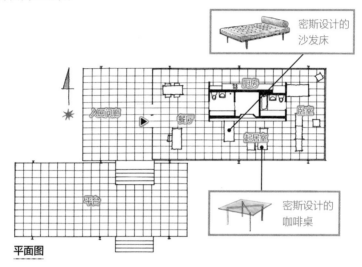

密斯设计的沙发床

密斯设计的咖啡桌

平面图

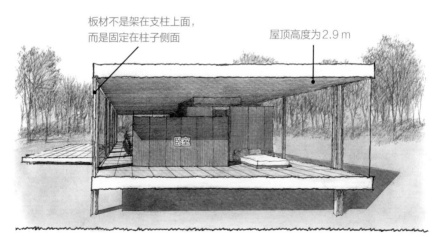

板材不是架在支柱上面，
而是固定在柱子侧面

屋顶高度为2.9 m

从东边观看建筑物

"偏心"的一居室

室内用木板围挡出一处核心区域，它的位置并不在居室的正中心，也因此造就了功能各异的不同空间。

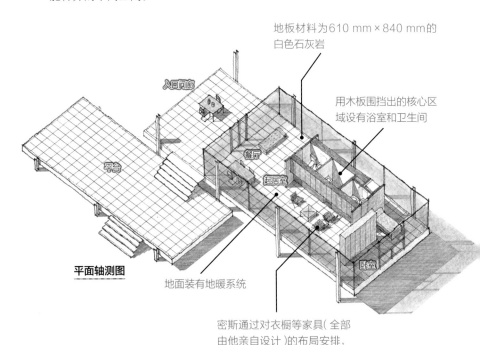

地板材料为 610 mm × 840 mm 的白色石灰岩

用木板围挡出的核心区域设有浴室和卫生间

入口间部

平台

餐厅

起居室

卧室

平面轴测图

地面装有地暖系统

密斯通过对衣橱等家具（全部由他亲自设计）的布局安排，将室内空间巧妙地分隔开来

备忘录

密斯热爱孤独，他虽然已婚且育有三名子女，但是从不和妻子长期同居。这或许就能解释他为什么对"住宅"如此冷漠了。

密 斯 · 凡 · 德 · 罗

Ludwig Mies van der Rohe
(1886—1969)

"通用空间"的建筑梦,和谐共生的世界观

密斯·凡·德·罗、勒·柯布西耶、弗兰克·劳埃德·赖特三人被称为"现代建筑三巨匠",他们共同奠定了现代建筑的根基。也有人将密斯的同乡、老搭档瓦尔特·格罗皮乌斯也列入其中,称他们为"四大巨匠"。

20世纪30年代,密斯离开故土德国[1],逃亡到美国,以避开纳粹党的迫害。当时,第二次世界大战正席卷全球,并愈演愈烈。这一时期的建筑大多是欧洲古典建筑风格的复刻翻版,而密斯提出了"通用空间"的概念,大家普遍认为这一思想带有对抗社会潮流(历史主义)的情感色彩。

在那个战火纷飞的年代,密斯在异国他乡过着漂泊凄苦的日子,饱尝人间艰辛,苦闷和烦恼成为他生活的基调。笔者不禁猜想,在那样的时代背景下,密斯构想的"通用空间"应该不只是单纯的"不受用途、功能限制,能够自由使用的内部空间",或许在他的内心深处,"通用空间"是一次尝试,尝试通过空间建筑构建一个"解放思想,打破传统,消除种族歧视和迫害,实现人人平等"的社会。

---

[1] 密斯出生在德国,1987年,德国为表彰他的功绩,特别发行了密斯100周年诞辰的纪念邮票。

玻璃屋

菲利普·约翰逊

美国康涅狄格州

追寻密斯的脚步，建造梦幻般的丛林玻璃屋

菲利普·约翰逊十分仰慕建筑师密斯的创作才能，受其名作范斯沃斯住宅（请参见第65页）的启发，为自己设计了一座别墅，起名为"玻璃屋"。住宅建在辽阔的丛林中，十几栋形态各异的建筑与它相邻而居。

玻璃屋堪称现代建筑的典范。在建筑材料方面，设计师选用了现代建筑中常用的铁制材料和玻璃材料。其中，铁制材料的运用实现了构造体的轻量化和大敞口的设计构思。而玻璃材料因其透明、反光的特性，能够将室内、室外融为一体，打造出开放式的空间。约翰逊将这两种材料的特质发挥得淋漓尽致，成功地营建了这座仿佛处于林间仙境的玻璃屋。

住宅的四面墙壁皆用透明的玻璃材料打造，有效地将室内、室外融为一体，让人身处室内，也仿佛置身于美丽的丛林中。室内设有一个圆柱形的核心区域，里面规划了卫生间和浴室。除了这个核心区域和壁炉外，室内看不到用来分隔空间的墙壁或隔断。约翰逊利用家具和画家普桑[1]的画作等模糊地划分了各个区域，并通过变换摆放位置，营造不同的空间感受。

---

[1] 尼古拉·普桑（1594—1665），法国画家，法国古典主义的巨匠。

丛林之间拔地而起的玻璃屋

在辽阔的丛林之中，大大小小的十几栋建筑物鳞次栉比，像一幅徐徐展开的画卷，这其中包括玻璃屋、砖瓦小屋、住宅展览厅等。可以说，玻璃屋的成功离不开这片肥沃富饶的土地和丰富多彩的大自然。

建筑年份：1949年
结构：钢结构
层数：一层
总面积：128 m²

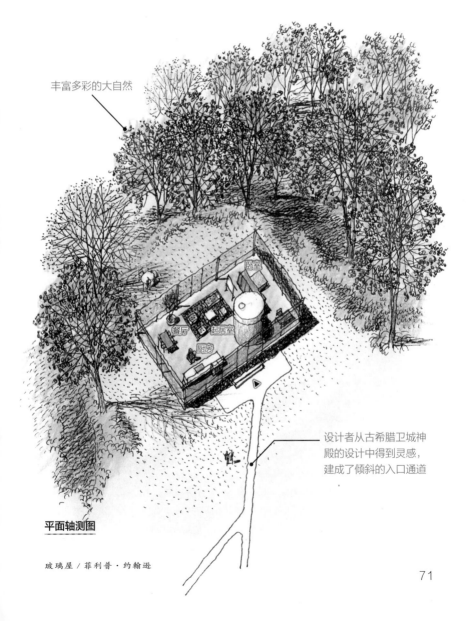

丰富多彩的大自然

卧室

餐厅　起居室

厨房

设计者从古希腊卫城神殿的设计中得到灵感，建成了倾斜的入口通道

平面轴测图

玻璃屋／菲利普·约翰逊

71

玻璃中的虚实映象

玻璃材料具有反射和透明的特性。因此，在室外可以透过玻璃看到室内的环境，在室内又能观赏到大自然的景致。两者一虚一实，营造出变幻多姿的空间。

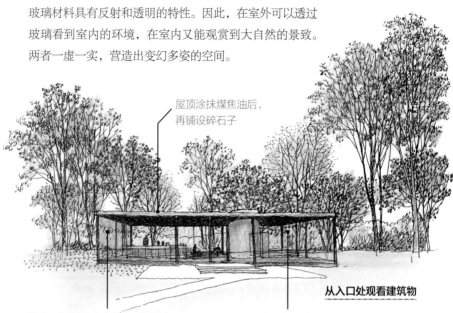

屋顶涂抹煤焦油后，再铺设碎石子

从入口处观看建筑物

住宅四面都是玻璃，如果想要享受私人空间，可以拉下百叶窗

透过明亮的玻璃，即使身处室内也可以充分感受四季的流转变化

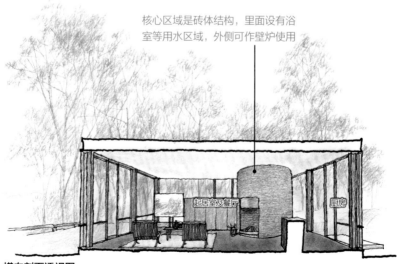

核心区域是砖体结构，里面设有浴室等用水区域，外侧可作壁炉使用

起居室及餐厅　　厨房

横向剖面透视图

不设隔断的一居室

关于核心区域的位置选择，约翰逊紧跟密斯的脚步，与范斯沃斯住宅一样，将其布局在了非对称的位置上。偏移住宅中心的核心区域造就了多个功能各异的空间。

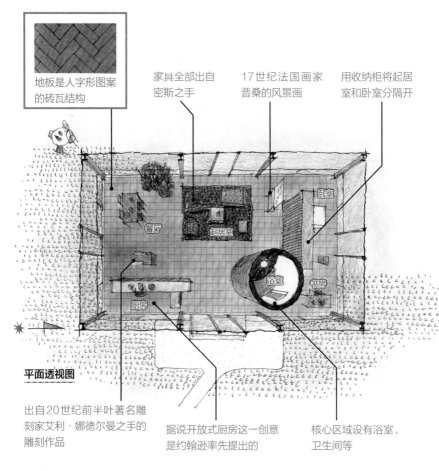

地板是人字形图案的砖瓦结构

家具全部出自密斯之手

17世纪法国画家普桑的风景画

用收纳柜将起居室和卧室分隔开

卧室

餐厅

起居室

浴室

书房

厨房

平面透视图

出自20世纪前半叶著名雕刻家艾利·娜德尔曼之手的雕刻作品

据说开放式厨房这一创意是约翰逊率先提出的

核心区域设有浴室、卫生间等

> **备忘录**
>
> 与玻璃屋形成鲜明对比的砖造小屋就建在稍远处。约翰逊曾说过："封闭的砖造小屋如果不和玻璃屋配套存在，将无法存活下去。"

菲利普·约翰逊
Philip Johnson（1906—2005）

约翰逊的管家

年轻真是件可怕的事情。遥想当年，笔者与好友一起到美国自驾游，想要访遍当地有名的建筑，其中一站就是菲利普·约翰逊的私宅玻璃屋（请参见第70页）。不过，当年的我们太过鲁莽，没有预约就连人带车贸然闯到人家门口。

车子开进偌大的丛林中后，我们曾一度迷路。就这样开着开着，眼前突然出现了玻璃屋的身影。我们正看得入神，一个男人从里面走了出来，大喝道："出去！"他就是菲利普·约翰逊。

我们被他气势汹汹的样子吓到了，赶忙倒车开回公路。我们呆坐在车中，不知过了多长时间，一个50多岁的男人朝我们走来。我们做好了挨骂的准备，打开车门走下来，对方说自己是约翰逊的管家，问我们从哪儿来。我们回答说是日本建筑专业的学生，对方说道："等下约翰逊先生要出门，你们在这里等一会儿。"我们大概等了1个小时，这次是一名女佣来叫我们过去。虽然我们没能进到玻璃屋里面参观，但在外面也看得心满意足。多亏了管家的精心安排，才使我们的心愿得以实现。

这件事发生在久远的过去，在当时那个时代，还很少有日本游客来此访问。

贾奥尔住宅

现代主义建筑巨匠建造的光影之家

——勒·柯布西耶

法国巴黎

　　柯布西耶建造了举世闻名的萨伏伊别墅（请参见第26页），该别墅创新采用了底层立柱、屋顶花园、横向长窗等突破传统的建筑元素，集中体现了柯布西耶的建筑理念。然而，同样出自柯布西耶之手的贾奥尔住宅却似乎与他之前的建筑理念有着天壤之别。

　　贾奥尔住宅设有厚重的砖砌墙壁、圆弧形的穹顶，以及包裹得严严实实的屋顶。我们从这些建筑构造中感受不到任何现代主义建筑所具有的明快、自由的风格，脑海中浮现出的只有黑暗闭塞的建筑形象。

　　那么，柯布西耶又是如何构想的呢？原来，这次他想建造一座风格与萨伏伊别墅完全不同的住宅，不再是那种均一、透明的开阔空间。他在不规则形状的窗户上安装了窗板。闭合窗板可以遮光，让室内变成一个黑暗的空间；打开窗板则阳光普照，室内即刻充满温馨的生活气息。窗板的开合实现了光影的自由切换，带给人们无限的遐想空间。

　　贾奥尔住宅的建成并不意味着柯布西耶推翻了自己以往的建筑理念，而是体现了他对宗教建筑的向往与追求，承载着他对光与空间关系的探索精神。

与开阔感背道而驰的建筑

建筑年份：1955年
结构：钢筋混凝土结构+砌体结构
层数：三层

一直以来，柯布西耶都是通过底层立柱支撑上层建筑的构造来完成一座座布局合理、开阔舒适的住宅设计，而厚重外观下的贾奥尔住宅与它们大相径庭、风格迥异。

横梁为混凝土构造。穹顶设计起到加固强度、拓宽跨距的作用

圆弧形的穹顶采用灰浆粘贴瓷砖的方式建造，并通过多层累积强化结构

该建筑与现代主义开放式建筑风格迥异，采用了传统住宅常用的厚重砖砌墙壁

从北边庭院观看B栋

充满质感的内部装潢

设计者在住宅的内部装潢中特意选用了
粗纹理材料，光线的照射可以使这些材
料层次更丰富、更具质感。

横梁特意露出混
凝土粗糙的表面

同样应用于外部
装潢的陶砖

起居室装有多扇窗户，通过它
们的开关组合可以调节室内光
线，带给居住者不同的视觉体
验和无限遐想

阳光透过窗户照射进来，赋予
砖块、赤陶、混凝土等不同质
感的天然材料以鲜活的生命力

简易涂抹的灰浆。
设计者为了突出阳
光赋予材料的质
感，特意做了阴影
处理

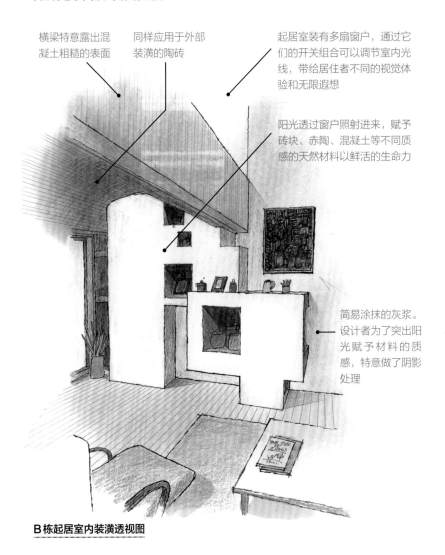

B栋起居室内装潢透视图

隔代分住计划

柯布西耶最初的计划是两栋连住，并为此花费了大量的时间，但是最终还是选择了两栋分开居住的形式。

各层平面图（下：一层；中：二层；上：三层）

B栋住着柯布西耶儿子一家

A栋是柯布西耶夫妇的家

两栋楼共享的庭院，高度比路面高出半个台阶

缓坡直通马路

从北侧上方俯视两座建筑物

通往车库

备忘录

贾奥尔住宅的设计也受到了战争的影响，历经数年才得以建成。建造方案也是几经修改，据说光住宅的设计图纸就多达500多张。柯布西耶为了提倡战后建筑的新风尚，在这栋住宅的设计建造上倾注了大量心血。

卡雷住宅——阿尔瓦·阿尔托

法国巴佐什

与房主的不谋而合成就经典住宅

从巴黎市区向西，大约行驶50 km便可以看到一片美丽宁静的田园，卡雷住宅就低调地建在这个田园乡村的缓丘之上。本来，"低调"一词并不适合形容豪宅，但出自阿尔托之手的大型建筑却能做到低调优雅。阿尔托是土生土长的芬兰人，他开创了有机建筑的先河。由他设计建造的卡雷住宅，远远望去，似乎与自然环境融为一体，和谐美好。建筑的屋顶顺应了地形的起伏，整体呈上升趋势，材料方面选用了蓝色的石板瓦。入口处的台阶面朝庭院，充满了韵律感。内部空间则配合土地的倾斜幅度，设置了台阶。

谈到内部空间，最具特色的要数玄关大厅的小型绘画装饰墙。由于大厅是去往各个房间的必由之路，装饰墙的加入不仅使居住者可以欣赏到美丽的画作，还为整个空间注入了优雅的艺术气息。阿尔托之所以如此设计，是源于房主的委托。房主是一位名叫路易斯·卡雷的巴黎画商，他想要一座契合自然景观、融入艺术气氛的住宅。于是，阿尔托按照这一想法，设计完成了这座充满艺术氛围，与艺术融为一体的住宅建筑。

除了住宅设计，阿尔托还负责室内的家具、照明等细节的设计。住宅建成后，卡雷夫妇搬了进去，由于房间设计得十分合理舒适，夫妇二人未做任何改动，一直住到他们去世。

玄关大厅等于艺术画廊?!

兼具画廊功能的玄关大厅与起居室面积相同，
这里能通向各个房间。

建筑年份：1959年
结构：钢筋混凝土结构
层数：地上两层、地下一层
总面积：450 m²（地上部分）

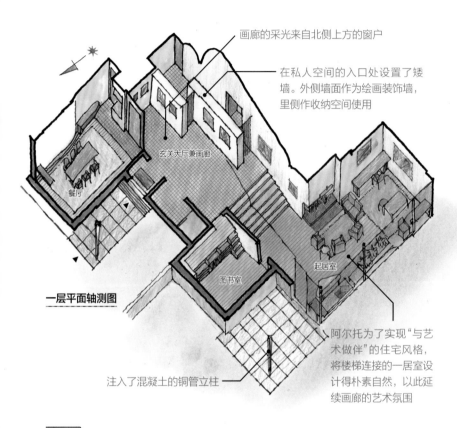

画廊的采光来自北侧上方的窗户

在私人空间的入口处设置了矮墙。外侧墙面作为绘画装饰墙，里侧作收纳空间使用

玄关大厅兼画廊

餐厅

图书室

起居室

一层平面轴测图

注入了混凝土的铜管立柱

阿尔托为了实现"与艺术做伴"的住宅风格，将楼梯连接的一居室设计得朴素自然，以此延续画廊的艺术氛围

备忘录

阿尔托曾说过："我的伙伴都是建筑专家，绝非单一的制图员。"他认为他们并不是一个有组织的专业团队，卡雷住宅的设计与建造是由他与妻子、工作室的工作人员、家具手工艺者等共同完成的。想必当年和阿尔托一起工作的人都很愉快吧，因为大家可以不受身份、立场的束缚，共同肩负责任，共同收获喜悦。

契合自然景观的住宅建筑

在栎树林环绕的缓丘上有一片辽阔的土地，阿尔托将卡雷住宅建在了这里。他一边眺望风景一边思索，寻找合适角度，最终构思出了建筑物与自然景观和谐共生的创意。

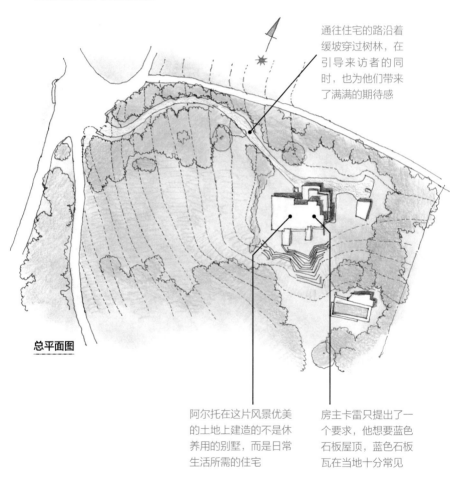

通往住宅的路沿着缓坡穿过树林，在引导来访者的同时，也为他们带来了满满的期待感

总平面图

阿尔托在这片风景优美的土地上建造的不是休养用的别墅，而是日常生活所需的住宅

房主卡雷只提出了一个要求，他想要蓝色石板屋顶，蓝色石板瓦在当地十分常见

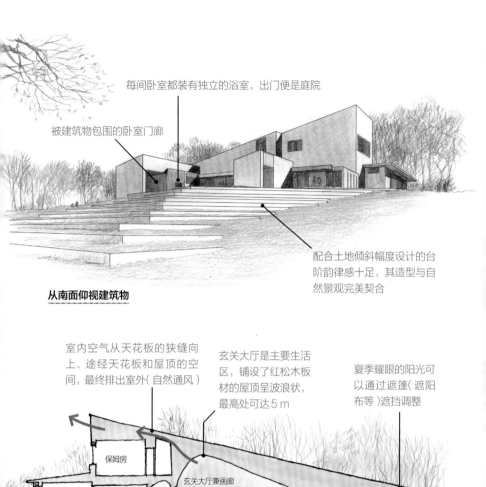

每间卧室都装有独立的浴室，出门便是庭院

被建筑物包围的卧室门廊

从南面仰视建筑物

配合土地倾斜幅度设计的台阶韵律感十足，其造型与自然景观完美契合

室内空气从天花板的狭缝向上、途经天花板和屋顶的空间，最终排出室外（自然通风）

玄关大厅是主要生活区，铺设了红松木板材的屋顶呈波浪状，最高处可达5 m

夏季耀眼的阳光可以通过遮篷（遮阳布等）遮挡调整

保姆房

厨房

玄关大厅兼画廊

起居室

机械房、酒窖

纵向剖面图

设计者在宽敞的大厅内，按照人体标准尺寸设计了装饰墙，使整个空间充满了艺术气息

为了配合地形的起伏，室内空间也设置了台阶

> 卡雷住宅／阿尔瓦·阿尔托

阿尔瓦·阿尔托
Alvar Aalto（1898—1976）

打动日本人的丰富感性

阿尔托的建筑在材料运用方面深受日本文化的影响，常出现日式建筑元素。例如，阿尔托选用浅色木材，并采用不加修饰、自然呈现其原木纹理的处理方式，充满了日式风格的味道。据说，阿尔托不仅钟情于日本建筑，而且对日本童话也十分喜爱。

阿尔托三十五六岁时结交了两位私交甚好的日本朋友，他们是常驻芬兰的日本公使——市河夫妇。当时，阿尔托夫妇已经是芬兰顶级的建筑师，在建筑领域大放异彩。除了建筑，夫妻二人还设计家具，并成立了Artek家具销售公司，整日忙得不亦乐乎。即便如此，他们对首次接触的这对日本夫妇还是表现出了浓厚的兴趣。在市河夫妇住在阿尔托家附近的那一两年中，阿尔托与他们相交甚好。

阿尔托夫妇都拥有鲜明的性格特征。阿尔托本人善于社交、富有幽默感，他的夫人艾诺持家稳重、落落大方。市河夫妇被他们设计的室内装潢深深吸引：曲木家具的设计让他们想起了遥远的故乡，织物的配色更是让他们赞不绝口。

另一方面，阿尔托通过与市河夫妇的日常交流，以及对相关书籍的学习，对日本建筑和日本人的生活方式有了更深入的了解，对日本的感性认知也日益丰富。他将这些蕴含日本特色的元素融入了自己的建筑设计中。

第 2 章

掀起世界变革的住宅建筑 2

（20 世纪 60 年代至今）

第二次世界大战结束后，国际秩序经历了漫长的混沌和恢复期，现代主义建筑也逐渐走向衰败。随着社会生活的多元化发展，"建筑与自然环境的关系"这一主题越来越受到大家的重视。

01

霍伯住宅

美国马里兰州
马塞尔·布劳耶

将自然『请进』家中的住宅建筑

霍伯住宅占地面积约 28 300 m^2，规模宏大、气势恢宏。颇为有趣的是，从道路一侧观看，只能看到两面矗立的墙壁，很难想象它是一座住宅。但是当我们穿过这两面由当地石材建造的墙壁进入住宅后，再通过高达 2.6 m 的玄关时，眼前赫然出现一个 100 m^2 左右的庭院，庭院四周被住宅房间和石壁环绕。

由于这里土地辽阔、自然资源丰富，布劳耶曾设想过在此建造一座类似范斯沃斯住宅那样融于大自然的开放式建筑。但综合居住者的实际需求，他最终选择了"将自然请进家中"的建筑方案。这样做一方面可以使居住者更亲近自然，另一方面又巧妙地将自然元素融入住宅建筑中。另外，室内的房间布局和立面一样，都呈现简约大方的建筑风格。整座住宅像一个长方形的大箱子，在箱子的正中间设有庭院，庭院的一侧是公共区域，包括客厅、餐厅、厨房等家人共同使用的功能区，另一侧则是私人生活区，包括家庭起居室、房主夫妇和他们三个女儿以及留宿客人的各自独立的卧室等。

霍伯住宅的整体建筑风格简约大方、低调含蓄，经得起岁月的磨砺，历久弥新，成为传世经典。

辽阔土地上的巨型墙壁

在辽阔的土地上矗立着两面巨型墙壁，与自然景观融为一体。墙壁整体呈直线型，属于现代建筑风格。墙壁上的大敞口设计将周围的自然景观尽数收入"囊中"。

建筑年份：1960年
结构：砌体结构 + 钢结构
层数：地上一层、地下一层
占地面积：约28 300 m²
总面积：725.4 m²

庭院中高大的橡树

入口处的石壁长达42 m，石材选用的是马里兰州当地的原野石

从西南侧上方俯视建筑物

透过两面墙壁之间的玻璃门，可以看到住宅内部的庭院和远处的林地

设计者为了突出石材的美，特意将石壁厚度设置为40 cm

〉 霍伯住宅 / 马塞尔·布劳耶

两大区域的缓冲地带——庭院

设计者没有在家庭起居室的墙壁上设置窗户，采光主要依靠天窗，由此营造出别样的温馨氛围

壁炉设计得简约朴素，为混凝土结构，石材表面被加工成荔枝面

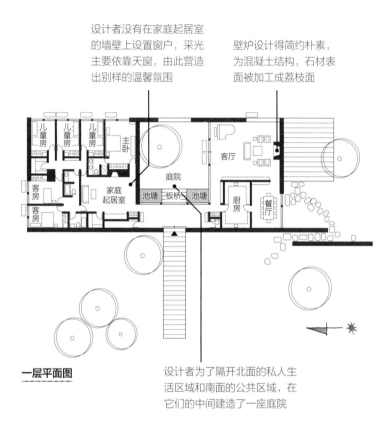

一层平面图

设计者为了隔开北面的私人生活区和南面的公共区域，在它们的中间建造了一座庭院

备忘录

提到马塞尔·布劳耶最著名的作品，非塞斯卡椅莫属。这是一款钢管悬臂椅，椅面由藤编而成。椅子的名称取自他女儿的名字。

将自然树木"请进"家中的庭院

庭院中高大的橡树令人过目难忘，天气好的时候，可以把这里当作第二起居室。另外，室内和室外都装饰有霍伯夫人喜爱的现代艺术作品。

庭院内设有一个大池塘，在它上面架设了青石板桥

从走廊看到的庭院和客厅

地板采用的是大块青石板

费舍尔住宅

——路易斯·康

美国·宾夕法尼亚州

好的建筑终将回归自然

丛林中有两座亭亭玉立的木结构立方体建筑，这便是费舍尔住宅。住宅面向道路的一侧是封闭的墙壁，面向景色优美的庭院一侧则是开阔的落地窗。这两座立方体建筑区域划分明确，一座是家人活动的聚集空间（生活区立方体），另一座则是家人各自的私人空间（休息区立方体），两个空间功能各异，独立分离。设计者路易斯·康通过倾斜布局设计，巧妙地将这两个立方体连接起来，使它们从不同的角度接受阳光的照射，借光影变化赋予建筑深邃的气质。

住宅采用了当地原产的石头和木材，完美地契合了周围的自然环境。由路易斯·康精心打造的柏木外墙，经过岁月的洗礼，更增添了几分沉静厚重的味道。

住宅原本可以选择外地的廉价建筑材料，会更加经济。但是，采用当地原产的材料修建，可使建筑与周边环境的契合度更高，匹配度也会更强。

也许经过漫长的岁月，终有那么一天，这座住宅会化为废墟，届时，完成使命的石材和木料将重新回归大地母亲的怀抱，安眠于此。

与周围融为一体的柏木立方体

被路易斯·康精心打磨的这座立方体住宅是用当地原产木材建造而成的，它完美地融入了周边环境，成为林中一景。

建筑年份：1960—
 1967年
结构：木结构
层数：地上两层、
 地下一层
总面积：约170 m²

倾斜布局的两个立方体带来视觉上的冲击感，也营造出空间的深邃感

无论是基础石材还是外墙柏木，都产于当地。这来自设计者"源于自然，归于自然"的环保意识

从小溪方向仰视建筑物

在生活区立方体中，面向小溪的一侧设有开阔的落地窗，将自然景观引入室内

面向道路一侧的休息区立方体

餐厅

道路

洗衣间

休息区立方体

小溪

生活区立方体

横向剖面图

> 费舍尔住宅／路易斯·康

历时六年终建成

设计师路易斯·康认为，一座好的住宅应该具备"人见人爱"的潜质，即不仅适用于某个特定家庭，而且应该具有更广泛的适用性。在这一建筑理念的驱动下，他花费六年之久，终于完成了这座经典住宅。

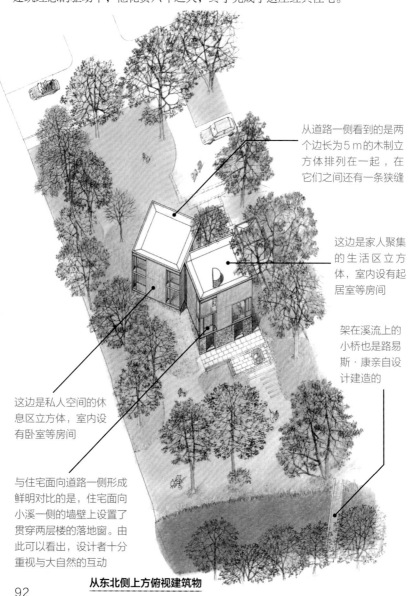

从道路一侧看到的是两个边长为5 m的木制立方体排列在一起，在它们之间还有一条狭缝

这边是家人聚集的生活区立方体，室内设有起居室等房间

架在溪流上的小桥也是路易斯·康亲自设计建造的

这边是私人空间的休息区立方体，室内设有卧室等房间

与住宅面向道路一侧形成鲜明对比的是，住宅面向小溪一侧的墙壁上设置了贯穿两层楼的落地窗。由此可以看出，设计者十分重视与大自然的互动

从东北侧上方俯视建筑物

令人心旷神怡的开放式房间

设计师路易斯·康在构思这座立方体住宅时，以建筑理论为基础，着眼于自然与住宅的和谐统一，将户外美景也作为设计元素进行创作。正是路易斯·康将理性与感性相互结合起来的设计，才造就了这座举世闻名的费舍尔住宅。

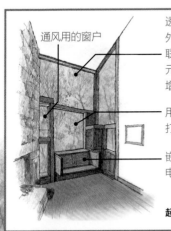

通风用的窗户

透过起居室的落地窗，可以欣赏室外的美丽景色。落地窗的窗框让人联想到蒙德里安的画作，这一艺术元素的加入为悠然闲适的室内空间增添了几分宁静、肃然的氛围

用于采光的窗户（固定窗扇，不能打开）

嵌入式长凳。取下靠背板可以看到电视机

起居室的落地窗

有收纳台面的厨房

客餐厅为两层楼高的通透大空间

起居室

设计师路易斯·康根据自己关于窗户采光对室内光照影响的思考，设计完成了这面落地窗

路易斯·康非常重视住户的居住体验，对门窗、收纳区等方面的布局设计都精益求精，力求完美

洗衣间

生活区剖面透视图

两个"箱子"构成
的平面

我们从这张平面图中可以看出，路易斯·康十分重视私人空间和公共空间的区分。

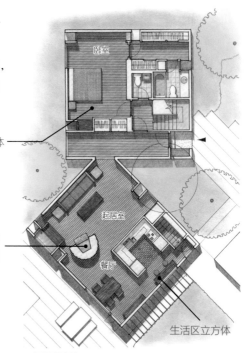

休息区立方体

壁炉呈半圆造型，角度稍微偏移的设计丰富了起居室的视觉层次

卧室

起居室

餐厅

生活区立方体

一层平面图

储藏室

洗衣间

地下平面图

卧室　　卧室

卧室

通高空间

二层平面图

路易斯·康

Louis Kahn（1901—1974）

人无高低之分，建筑无贵贱之别

　　路易斯·康的作品将创意、结构、装备、材料这几大元素完美地结合在一起，物尽其用，杜绝浪费。正因如此，他的作品广受赞誉。但是，由于他太过追求完美，往往忽视了预算和工期，给客户带来不少麻烦，他还因此几度错过了参与大型建筑项目的良机。另一方面，也有不少欣赏路易斯·康创作才能的客户，他们理解并认同他，甚至与他结为一生的好友。其中，诺曼·费舍尔和朵莉丝·费舍尔这对夫妇就是这样的人。他们委托路易斯·康设计建造费舍尔住宅（请参见第90页），每当他们提出不满意的地方，路易斯·康不仅会对局部进行改善，还会拿出一整套全新的方案，直到他们完全满意为止。路易斯·康的这种做法，如果不是拥有足够耐心或者十分认同他的客户，项目很难坚持到最后。当然，路易斯·康认真倾听客户心声、竭力满足客户需求的工作态度是值得肯定的。

　　路易斯·康还被大家称为"诗人"，因为他时常语出惊人，说一些让人费解的话。同时，他又非常平易近人。这种"冰火两重天"的反差性格让人着迷，不由得想要靠近他、了解他。此外，不管手中有多少建筑项目，只要有人委托建造住宅，哪怕是几乎不赚钱的小项目，他也从不拒绝。因为在他的心目中，城市规划和住宅建设的分量一样重。

　　路易斯·康的一生都献给了挚爱的建筑事业，他秉承"人无高低之分，建筑无贵贱之别"的信念，设计建造了一座座经典建筑。时光荏苒，即便岁月在它们身上留下了痕迹，但路易斯·康的精神将会永存。

穆尔住宅——

仅用立柱间隔的一居室住宅

查尔斯·穆尔

美国加利福尼亚州

1960年，一座小型住宅建筑悄然现身于美国加利福尼亚州陡峻的斜坡上，这便是穆尔亲自打造的私人住宅——穆尔住宅。这座住宅的建成为他日后的经典建筑——海洋牧场一号公寓（请参见第116页）奠定了坚实的基础。

穆尔住宅规模虽小，但在住宅建筑史上有着非凡的意义。这是因为，穆尔善于将寻常的材料与当地传统的建筑风格相结合，并以此创造出前所未有的新概念生活空间。在穆尔住宅的建造过程中，他就采用了当地农家常用的普通建材和库房常见的悬挂式推拉门，还有廉价的托斯卡纳风复古立柱等。

在这座大约7 m见方的建筑物中，我们找不到被墙壁隔开的独立房间。值得一提的是浴室和起居室的区域构成，我们在上面提到了托斯卡纳风复古立柱，设计者就是利用这八根立柱对两个空间进行了划分。当然，立柱并不能像墙壁那样将房间完全独立地分隔开来，但也确实起到了大致划分区域的作用。

如此这般，在这样界限模糊[1]、要求想象力的空间中，或许可以尝试更多、更新鲜的生活方式。

---

[1] 没有明确的限定、界限。

继承传统的新概念建筑

在穆尔住宅中，我们看不到任何新型的建筑材料或者新奇的造型设计。不过，设计者对一居室内浴室和起居室低调自然的空间布局，以及由此形成的生活方式，却着实让人耳目一新。

建筑年份：1960年
结构：木结构
层数：一层
占地面积：约4047 m²
总面积：50 m²

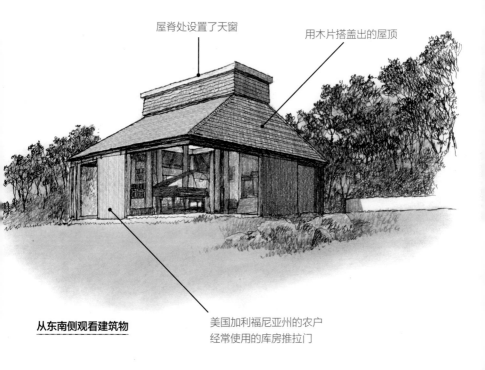

屋脊处设置了天窗

用木片搭盖出的屋顶

从东南侧观看建筑物

美国加利福尼亚州的农户经常使用的库房推拉门

一居室内的立柱小空间

穆尔住宅的室内设有浴室和起居室两大空间，它们分别被四根立柱分隔开来。在它们的顶部设有天窗，天气好的时候，阳光洒落在两个区域，为它们注入蓬勃的生命力。

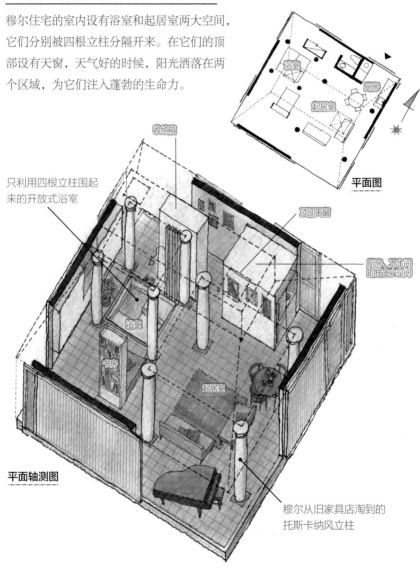

收纳箱

只利用四根立柱围起来的开放式浴室

顶部天窗

厨房、卫生间的独立小空间

浴室

书房

起居室

平面图

平面轴测图

穆尔从旧家具店淘到的托斯卡纳风立柱

金色阳光为小空间注入活力

起居室和浴室分别被四根立柱包围，从顶部天窗洒落的阳光为它们注入了活力，清晰了轮廓。

圆柱上有微微鼓
起的收分曲线

立柱包围的空间
顶部设有天窗

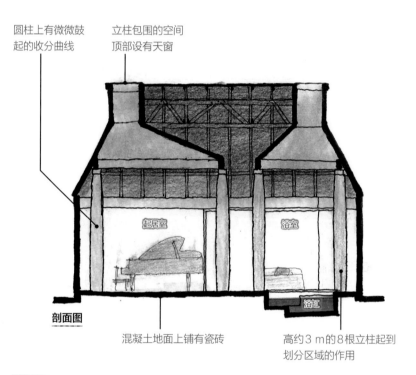

起居室

浴室

剖面图

浴缸

混凝土地面上铺有瓷砖

高约3 m的8根立柱起到
划分区域的作用

备忘录

这座占地面积约为4047 m² 的建筑看上去更像是一座度假别墅，但实际上它是设计师穆尔的私人住宅。穆尔也曾经考虑过在这里增设泳池和其他房间。

> 穆尔住宅 / 查尔斯·穆尔

查尔斯·穆尔
Charles Moore（1925—1994）

简单朴素的库房风就很好

　　1960年初，穆尔住宅（请参见第96页）登上了建筑杂志的封面，笔者至今仍然清楚地记得当年看到它时的震撼感受。设计师穆尔在距今半个多世纪以前，就已经在私人住宅中仅用四根立柱便完成了开放式浴室的建造，真是不可思议。该住宅的外墙由美国西海岸常见的杉木板竖向拼接而成，拉门采用的是当地库房使用的大型悬挂式推拉门。将库房推拉门引入住宅建筑是一次崭新的尝试，着实让人兴奋。

　　穆尔就是具有化腐朽为神奇的力量，他能够将廉价的库房、马厩用建筑材料，通过巧妙的布局设计，发掘出新的价值。一位想要在旧金山北部西海岸开发海洋牧场的开发商看中了他的建筑理念，这为日后闻名于世的海洋牧场一号公寓的完成埋下了伏笔。

　　开发商本人不喜欢大型开发项目，尤其排斥那种以牺牲环境为代价的开发。为此，他耗时一年之久，对周围的环境做了详尽的调查，并委托穆尔设计建造了海洋牧场一号公寓。该建筑堪称融于环境的经典作品，详情请参见本书第116页的内容。

斯塔尔住宅

有美景『作伴』的经济型豪宅

皮埃尔·科恩格

美国加利福尼亚州

　　这片土地地势高耸、视野开阔，能够一览洛杉矶的美丽街景。但是，由于它面积狭小、地基不稳，很难在此建造房屋，一直以来都不被业内人士看好，并把它排除在优质土地行列之外。就是这样一块狭小的土地，甚至连个像样的庭院都无法建造，斯塔尔夫妇却独具慧眼看中了这里，委托建筑师皮埃尔·科恩格在这里建造一座开放式住宅，要求能够270°欣赏美景。对此，科恩格给出的答案是建造一座悬于半空的住宅，他决定利用悬挑梁结构将钢架悬挑出悬崖之外，并安装整片玻璃的落地窗。远远望去，这座建筑仿佛凌空于美景中，具有轻透、空灵的视觉效果。

　　身居其中，绚丽多彩的城市街景尽收眼底，这便是经典的斯塔尔住宅。一眼望去，无疑是妥妥的豪宅。但实际上，这是一座精打细算的经济适用型住宅。为了实现这一设计构想，科恩格预先精准计算了合理的跨距，并采用市场在售的标准品钢材，地面的铺设则选择了省时省力的钢甲板材料。

　　在其他经典住宅案例中，建筑师们大多追求慢时光的匠人精神，甚至连零件、建材都要手工制作，精益求精、力求完美。但这座斯塔尔住宅却截然不同，它实现了对工业成品的灵活运用，通过设计师巧妙的构思，将一件件普通的材料构筑成一座不同凡响的经典建筑，属于"化腐朽为神奇"系列的经典案例。

简约明快的房间布局，
让美景尽收眼底

建筑年份：1960年
结构：钢结构
层数：一层
总面积：213.7 m²

设计者巧妙地利用这片土地的特征与条件，对房间布局做了清晰明确的划分。他在270°赏景区设置了起居室和餐厅，在住宅面向道路的一侧设置了杂物室。

房檐强调水平性，可以遮挡洛杉矶的炎炎烈日

厨房两侧设有通道，居住者可以自由走动。另外，设计者为了方便料理家务，在里侧设置了杂物间等

整片玻璃的落地窗，窗框全部采用普通钢架

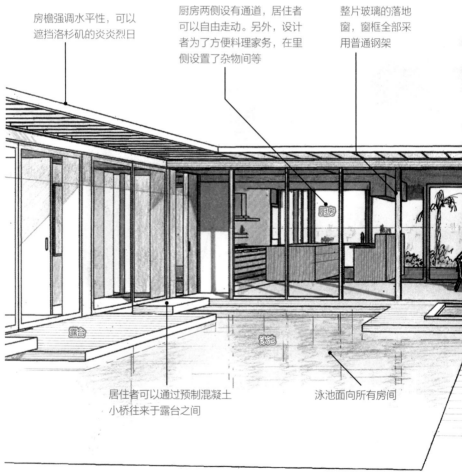

居住者可以通过预制混凝土小桥往来于露台之间

泳池面向所有房间

从露台看向起居室、餐厅

置身于起居室的一角，仿佛身处在美景中，周围景色美轮美奂、宛如仙境

透过餐厅的玻璃俯视绚丽的街景

开放式起居室由细钢柱和玻璃构成，这里只设有分离式厨房和壁炉

从悬崖悬挑出去的起居室，在这里可以欣赏到270°的美景

采用标准模数的经济型住宅

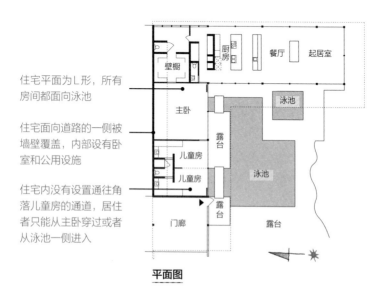

住宅平面为L形，所有房间都面向泳池

住宅面向道路的一侧被墙壁覆盖，内部设有卧室和公用设施

住宅内没有设置通往角落儿童房的通道，居住者只能从主卧穿过或者从泳池一侧进入

平面图

壁橱

厨房

餐厅

起居室

主卧

泳池

露台

泳池

儿童房

儿童房

露台

门廊

露台

备忘录

斯塔尔住宅又名"案例研究住宅22号"。案例研究住宅是指在20世纪40—60年代期间，美国加利福尼亚州一本名为《艺术与建筑》的杂志所策划的一个项目。该项目为西海岸年轻的建筑师们提供了展示的舞台，将他们的建筑作品刊登在了杂志上。顺便提一下，案例研究住宅8号是伊姆斯夫妇建造的伊姆斯住宅（请参见第60页）。

埃希里克住宅

『主从』关系的空间构成

路易斯·康

美国宾夕法尼亚州

埃希里克住宅是一座为单身女性设计建造的房屋，它建在住宅区一个幽静的角落。这座住宅典型地体现了路易斯·康的建筑理念，简约大方的建筑由四个长方形箱体排列构成。

路易斯·康将埃希里克住宅的室内空间划分为两大类，即主空间（被服务空间）和从空间（服务空间）。简而言之，前者是在整座建筑物中占据主导地位的房间，后者是帮助前者实现主导地位的辅助空间（包括厨房、卫生间、走廊、楼梯等功能区）。路易斯·康早在设计构思阶段，就优先考虑主空间的设置，然后在不影响主空间的前提下，使从空间服务于主空间。他通过缜密的分析和合理的布局，最终实现了这个设计构想。

埃希里克住宅由四个巨大的箱体构成，每个箱体代表一个空间，有两个服务空间和两个被服务空间，它们呈交叉状分布。住宅的平面构成虽然简单朴素，但是经过设计者对窗户、外墙等细节的巧妙处理，每个房间都独具特色，最终形成一座个性鲜明的住宅建筑。

集中体现康建筑理念的住宅建筑

矩形箱体为钢筋混凝土结构，建造者在此基础上添加了木材，完成了这座生活住宅。

建筑年份：1961年
结构：混凝土外墙+钢筋混凝土结构+木结构
层数：两层
总面积：230 m²

住宅南面是开放式空间，由玻璃落地窗构成。另外，设计者为了保护单身女性的隐私，特别加装了木质门扇，它可以随时闭合，形成一个封闭的空间

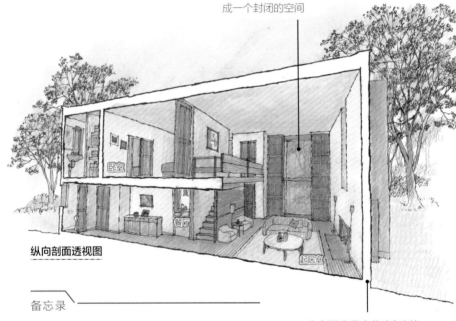

纵向剖面透视图

卧室

餐厅

起居室

备忘录

路易斯·康还为房主玛格丽特·埃希里克的叔父沃顿·埃希里克设计了工作室。

住宅距离母亲住宅（建筑师文丘里的作品，请参见第112页）仅200 m

让每个空间都"各司其职"

设计者将开放式起居室和餐厅安排在了一楼，把私密性较强的卧室设置在了二楼。

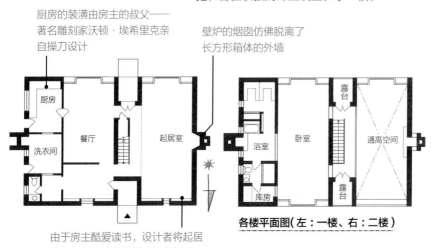

厨房的装潢由房主的叔父——著名雕刻家沃顿·埃希里克亲自操刀设计

壁炉的烟囱仿佛脱离了长方形箱体的外墙

厨房

餐厅

洗衣间

起居室

浴室

卧室

库房

露台

露台

通高空间

由于房主酷爱读书，设计者将起居室的一整面墙都规划成了书架

各楼平面图（左：一楼、右：二楼）

埃希里克住宅与路易斯·康的其他建筑一样，都十分重视窗户的设置。室内的采光窗户是细窗框的固定窗，通风窗户则为活动窗扇，可以自由开合。除此之外，设计者为了防止雨水流入室内，将通风窗户安装在了外墙的内凹位置

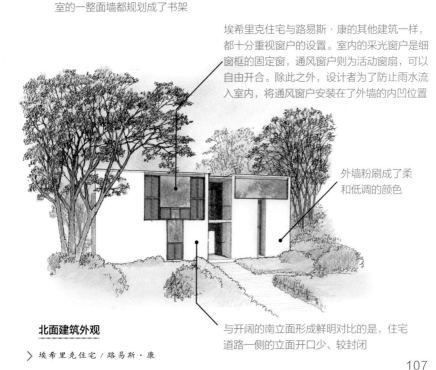

外墙粉刷成了柔和低调的颜色

北面建筑外观

与开阔的南立面形成鲜明对比的是，住宅道路一侧的立面开口少、较封闭

> 埃希里克住宅／路易斯·康

米兰姆住宅

保罗·鲁道夫

美国佛罗里达州

『表里不一』的住宅建筑

"建筑师最应该做的就是在视觉上取悦大家。"抛出金句的不是别人，正是天才建筑师保罗·鲁道夫。这里为各位带来他的代表作品——米兰姆住宅。

鲁道夫在这座建筑作品之前，一直活跃在佛罗里达州的建筑舞台，亲自设计建造了诸多住宅。但是，那段时期的他将设计重心放在了建筑构造和新型材料的运用上，而这些又必须严格遵循建筑网格系统和尺寸规范的要求，这在很大程度上限制了他对建筑平面及立面的设计自由。米兰姆住宅的问世标志着鲁道夫创作新时代的到来。

在整座住宅建筑中，东立面的设计最能体现他风格的转变。鲁道夫摒弃了以往"住宅外观应当反映内部结构"的固有想法，实现了180°的大变革。住宅的正面设计凹凸有致，构造独立，由数个巨大的四边形组成，造型炫酷，十分吸引人的眼球。然而，这个由大大小小的四边形构成的住宅立面与室内的房间布局毫无关联，充其量也就起到了遮阳的作用。

鲁道夫成功地将立面设计从整体设计方案中解脱出来，完成了极具视觉冲击力的米兰姆住宅。在那之后，他的代表作品[1]也延续了这一建筑理念。

---

[1] 耶鲁大学建筑学院大楼（1963年）等。

标新立异的巨型立面

建筑年份：1961年
结构：混凝土砌块
层数：两层

米兰姆住宅建在沙丘上，可以俯瞰大西洋，风景优美，悠闲惬意。凹凸鲜明的正面造型增强了视觉效果，使住宅看上去更高大、更壮观。

可遮挡佛罗里达的炎炎烈日

室内所有房间都配有冷气装置

建筑物东立面

备忘录

鲁道夫在任职耶鲁大学建筑学院院长期间，曾教授过诺曼·福斯特、理查德·罗杰斯等人。

> 米兰姆住宅／保罗·鲁道夫

根据实际需求决定建造尺寸

鲁道夫在建造这座住宅时，放弃了网格系统，只在混凝土砌块中采用了规范尺寸（20.32 cm×20.32 cm×40.64 cm）。

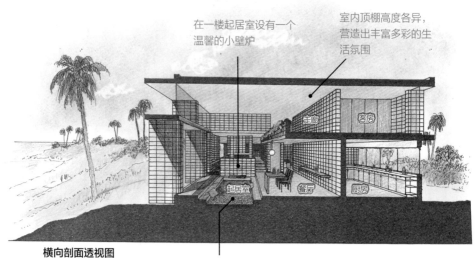

在一楼起居室设有一个温馨的小壁炉

室内顶棚高度各异，营造出丰富多彩的生活氛围

横向剖面透视图

设计者在起居室内特意设置了一个下沉式空间，以供家人欢聚

壁炉和烟囱处在与东立面不对称的位置上

各层平面图（左：一楼；右：二楼）

保罗·鲁道夫

Paul Rudolph (1918—1997)

历史欠他一个公正的评价

如今，想必已经没有多少人知道建筑师保罗·鲁道夫了吧。

鲁道夫在20世纪50年代是建筑领域响当当的青年才俊，一颗冉冉升起的新星。他从二十五六岁便投身于实践，相继设计了多座住宅建筑。历经十多年的磨砺，他终于得到了一个千载难逢的机会——美国威尔斯利学院艺术中心的设计工作。该中心的建成使他名声大噪，一举成为时代的宠儿。他在40岁时就任耶鲁大学建筑学院院长一职，在职期间对当时还是学生的诺曼·福斯特产生了很大影响。

鲁道夫拥有众多青年粉丝，他们不仅狂热追逐鲁道夫打造的建筑，还把他手绘的剖面透视图奉为学习范本。鲁道夫的建筑图纸和他建造的建筑一样，结构严谨，造型炫酷，使得大批粉丝争相仿效。但是，物极必反，这些精美的建筑造型也为鲁道夫的日落西山埋下了伏笔。

1972年，曾给建筑界带来巨大冲击的建筑师罗伯特·文丘里的《拉斯维加斯》一书出版了，他在书中这样写道："鲁道夫的作品虽然看上去气势恢宏、与众不同，但实际上只不过是一个个大型装饰物而已。"其言辞之尖锐、抨击之猛烈可见一斑。受此负面影响，鲁道夫从20世纪60年代后期开始人气凋零，导致其在北美地区的工作骤减。而经济正在高速发展的东南亚地区却很欣赏他明快、炫酷的建筑风格。于是，鲁道夫便逐渐将工作重心转移到了东南亚。

对于鲁道夫的作品，一直以来大家更关注的是建筑形态和造型，但实际上，他还一直保持前瞻性的探索工作，其中就包括混凝土和胶合板的使用等问题。或许，历史欠他一个公正的评价。

母亲住宅

母亲住宅中的那些建筑记号

—— 美国宾夕法尼亚州 罗伯特·文丘里

　　母亲住宅坐落在一片幽静、宽阔的住宅区内，外观简洁大方。虽然它看上去平淡无奇，实则"古灵精怪"。仔细观察后便会发现，它颠覆了我们关于它的所有想象。比如，你以为它是悬山双坡顶的屋顶，走近一看，屋顶中央开有一个大切口；你以为住宅的正面是左右对称结构，定睛一瞧，左侧是正方形窗户，右侧则是让人联想到现代主义建筑代表人物勒·柯布西耶的水平横向长窗。那么室内情况又如何呢？走进这个惊喜连连的空间，首先映入眼帘的便是一个被壁炉"吞进去"的楼梯，还有在室外看上去像是巨型烟囱的东西，竟然是二楼房间的墙壁。这些都还不算什么，最搞怪的要数二楼的楼梯，它与任何地方都不连通。看到这里，想必大家已经对它有所了解了，这座建筑会从其他建筑"拿来"局部设计，并将它们拼接重组，最终形成了"记号之家"。

　　实际上，这座小型住宅[1]是设计师文丘里向追求建筑整体一致性的现代主义运动抛出的一个"大问号"。它一经建成便受到世人瞩目，成为大家津津乐道的热门话题。不过，它也有鲜为人知的另一面：这座住宅是文丘里为他年近七旬的母亲建造的，为了让母亲生活得更舒适、便捷，他花费了大量心思。例如，他在一楼的起居室内设置了壁炉，并以此为中心，在周围摆设了各种古董家具，以满足母亲所有的日常需求。

---

[1] 作为现代主义运动的先锋人物，密斯（请参见第69页）曾说道："少即是多（less is more）。"对此，文丘里以"少即是烦（less is bore）"回应，这一带有批判色彩的言论颇为有名。

从童话世界里"出逃"的房子

建筑年份：1963年
结构：混凝土砌块（部分钢结构、
　　　木结构）
层数：地上两层、地下一层
总面积：275 m²

母亲住宅是文丘里设计的首座住宅建筑。据说，这座住宅的设计方案竟多达6个版本，可见他为此倾注了大量的时间和心血。他与丹尼斯·斯科特·布朗结婚之前，一直住在该住宅的二楼房间里。

屋顶看似为古典风格的悬山双坡顶，但在它的正中间却开有一个大切口

南面建筑外观

住宅的外观设计增强了视觉效果，使房子看上去比实际面积更大。这一设计反映了建造者对"住宅外观应当反映内部结构"这一固有观念的质疑

玄关的设计很容易让人误以为大门在房子的中心位置，但实际上，设计者将大门设在了侧面

厨房窗户是能使人联想到近代建筑的水平横向窗

暗藏记号的奇趣之家

设计者积极尝试对普通住宅建造元素的改造创新，并赋予它们新的活力。例如普通美国人家里设置的壁炉，文丘里将它和烟囱的大小都放大数倍，以夸张的形象呈现了出来。

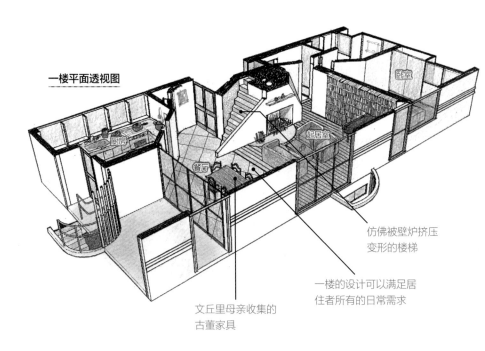

一楼平面透视图

卧室

厨房

起居室

餐厅

仿佛被壁炉挤压
变形的楼梯

一楼的设计可以满足居
住者所有的日常需求

文丘里母亲收集的
古董家具

满足所有生活起居需求的一楼空间

与任何地方都不连通的楼梯

各层平面图（下：一层；上：二层）

纵向剖面图

备忘录

文丘里的老师是路易斯·康（请参见第95页），两人私交甚好。一日，路易斯·康到母亲住宅做客，但直到临走时都没有谈及对房子的任何看法。这座给建筑界带来巨大冲击的住宅，或许与路易斯·康追求的建筑理念相差甚远。

海洋牧场一号公寓
——MLTW
美国加利福尼亚州

建在太平洋悬崖上的共享公寓

海洋牧场一号公寓坐落在距离旧金山 160 km 的沿海断崖上。这里原本是一片人烟稀少的荒凉之地，与一般意义上的"度假别墅建造地"有着天壤之别。景观建筑师劳伦斯·哈尔普林曾耗时一年之久对当地的生态环境进行勘察。此后，建筑师查尔斯·穆尔和几位同伴（MLTW[1]）根据哈尔普林的勘察结果，共同建造了这座融于自然的公寓建筑。他们以当地的老式仓库为原型，建造了简单朴素的斜屋顶。该屋顶不设房檐和雨水管，朝向顺应海风吹拂的方向。此外，在这座由十个居住单元组成的共享公寓中，还设有一个庭院，庭院被居住单元包围在里面，为居住者带来踏实、宁静的感觉。为了不给环境带来负担，材料方面选用了当地原产的红杉木等环保材料。

进入住宅内部，展现在我们面前的是一个由巨型家具构成的灵动空间。室内设计承载了几位建筑师的奇思妙想，例如造型立体的用水区、被帐篷包围的卧室等，整座房屋充满着轻松愉悦的氛围。

除此之外，所有的居住单元都设有凸窗，能够眺望四季变换的壮丽海景。这座共享公寓中没有多余的装饰，自然淳朴的建筑风格使居住者感到舒适畅快，而这些都要归功于建筑师们顺应自然、融于大地的建筑理念。

---

[1] MLTW的成员包括穆尔、林顿、特恩布尔和惠特克。

与断崖融为一体的建筑

建筑年份：1964年
结构：木结构
层数：两层
面积：95 m²（居住单元9）

建筑物建于悬崖上，可以俯瞰太平洋。设计者保留了斜坡断崖的原始形态，并使建筑物与悬崖融为一体。

与周围自然环境融为一体的海洋牧场一号公寓

海边不时吹来猛烈、潮湿的西北风

建筑物建在一片荒凉的沿海区域，可俯瞰太平洋

从东南侧看向建筑物

从庭院观看朝海方向的建筑物

备忘录

穆尔当年还是一名青年建筑师时，便在与伙伴成立工作室不久后担任了美国国家建筑顾问等职务，成就了辉煌灿烂的职业生涯。他的作品都颇具趣味，这也成为他作品的一大特色。

以仓库为原型的设计方案

海洋牧场一号公寓以周围的老式仓库为原型进行设计建造，由10个居住单元组成。

屋顶为不设房檐的设计

居住单元9是穆尔的度假公寓

为防御风雨的侵袭，面向大海的窗户采用了固定窗扇

外墙材料选用了当地原产的红杉木

房檐导水管、雨水立管都采用了与外墙材质相同的红杉木

从山崖下仰视建筑物

居住单元10

停车场

居住单元1

居住单元2

居住单元3

居住单元4

居住单元9

居住单元8

居住单元7

居住单元6

居住单元5

总平面图

被建筑物守护的幽静小院

为了使庭院免受冰冷潮湿的海风侵袭，设计者利用建筑物和高高的围墙将它包围在里面，起到了很好的保护作用。在这里，居住者可以悠闲地享受日光浴。

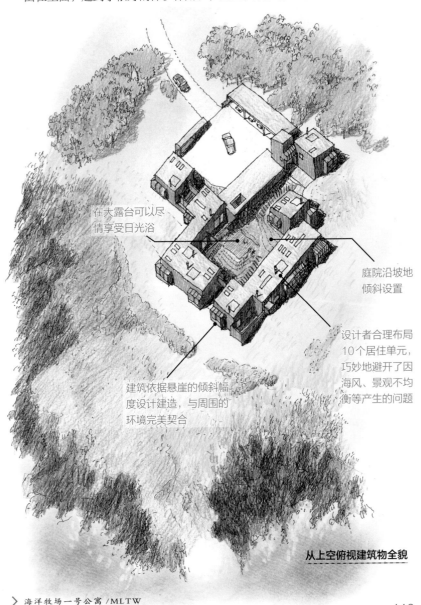

在大露台可以尽情享受日光浴

庭院沿坡地倾斜设置

设计者合理布局10个居住单元，巧妙地避开了因海风、景观不均衡等产生的问题

建筑依据悬崖的倾斜幅度设计建造，与周围的环境完美契合

从上空俯视建筑物全貌

妙趣横生的立体空间

正如前面介绍的庭院被建筑包围的布局设计一样，在建筑内部我们也能看到各式各样的"包围空间"，它们的构造就像是一个大箱体里罗列着许多小箱体。

整座住宅的建筑构造就如同往一间大仓库中搬入了尺寸适中的大型家具一样，而这件"大型家具"同时包含了床、卫生间、浴室、收纳区和厨房

横梁直接搭在柱子上进行连接组装，五金零件就裸露在表面，简约而平衡

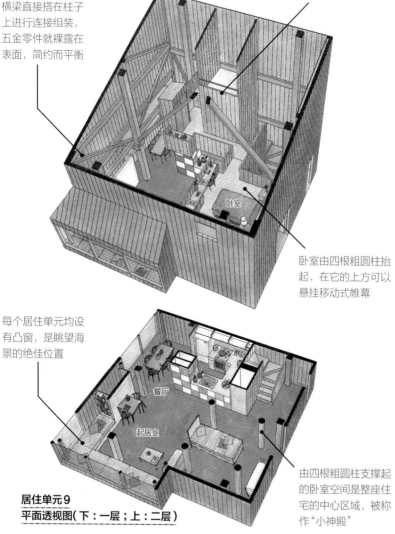

卧室由四根粗圆柱抬起，在它的上方可以悬挂移动式帷幕

每个居住单元均设有凸窗，是眺望海景的绝佳位置

由四根粗圆柱支撑起的卧室空间是整座住宅的中心区域，被称作"小神殿"

居住单元9
平面透视图（下：一层；上：二层）

格瓦斯梅住宅兼工作室

青年建筑师的魅力之家

美国纽约
查尔斯·格瓦斯梅

由于建筑师这一职业需要经手大量资金，肩负着重大的责任，因此人们往往非常重视他们的从业经验。在建筑领域，40多岁的"新人"并不稀奇。然而，查尔斯·格瓦斯梅仅仅凭借一座小型住宅就一举成名，使得整个建筑界为之赞叹。实际上，他当时只有20多岁，研究生毕业才几年。

格瓦斯梅的父母都是艺术家，一天，他们找到格瓦斯梅商量，希望他可以帮忙设计建造一座住宅。对于刚毕业不久的格瓦斯梅来说，这是他职业生涯的第二份设计工作。他随即辞掉了设计事务所的工作，一心扑到住宅的设计中。

这是一片平坦、宽阔的土地，也可以说这是它唯一的特色，格瓦斯梅将在此处设计建造住宅。他必须将这栋住宅当作一件雕刻艺术品来对待，通过对立方体进行切削、填充，使建筑物无论从哪个角度看都独具特色。此外，他为了能将远处的海景收入"囊中"，还特意将通常设置在一楼的起居室挪到了二楼，并通过架空区域与三楼的主卧、小型画室相连接。

此后，格瓦斯梅与罗伯特·西格尔共同成立了设计事务所，亲自操刀设计了很多建筑。但遗憾的是，它们都无法超越这座将复杂的空间关系简洁、清晰地呈现给世人的住宅——格瓦斯梅住宅。

雕塑般优美的造型

格瓦斯梅住宅建成后的第二年，此处又相继建成了工作室和独栋客房。

建筑年份：1966年
结构：木结构
层数：三层
占地面积：约4047 m²
总面积：约120 m²

设计者最初想选用混凝土结构，但由于预算的关系不得不放弃这个想法，于是转而采用了杉木板竖向拼装结构。顺便说一下，该建筑预算金额是3.5万美元

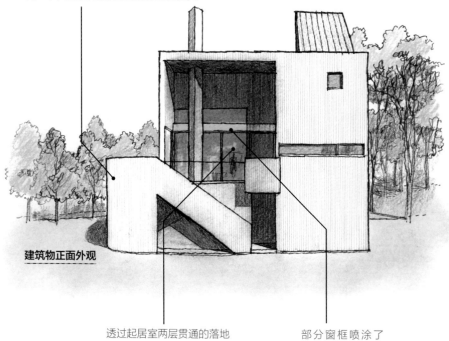

建筑物正面外观

透过起居室两层贯通的落地窗，可以眺望远处的大海

部分窗框喷涂了红、黄、黑等颜色

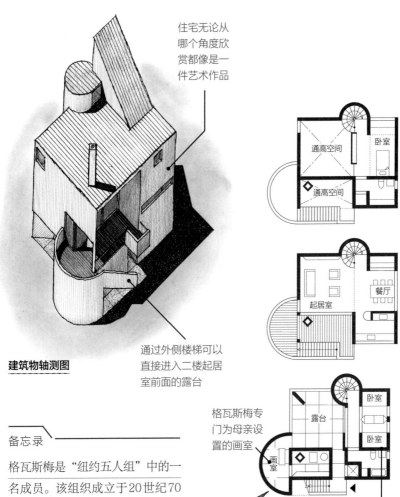

住宅无论从哪个角度欣赏都像是一件艺术作品

建筑物轴测图

通过外侧楼梯可以直接进入二楼起居室前面的露台

卧室

通高空间

通高空间

起居室

餐厅

格瓦斯梅专门为母亲设置的画室

露台

卧室

画室

卧室

一楼设有客房等

各层平面图

（下：一层；中：二层；上：三层）

备忘录

格瓦斯梅是"纽约五人组"中的一名成员。该组织成立于20世纪70年代，由当时的新锐建筑师组成。除了格瓦斯梅，其余四名成员分别是理查德·迈耶、迈克尔·格雷夫斯、约翰·海杜克、彼得·艾森曼。

> 格瓦斯梅住宅兼工作室／查尔斯·格瓦斯梅

专门为艺术家夫妻设计建造的住宅

房屋委托人是格瓦斯梅的父母，他的父亲是一位画家，母亲是一名摄影师。夫妇二人过世后，格瓦斯梅便住了进来。

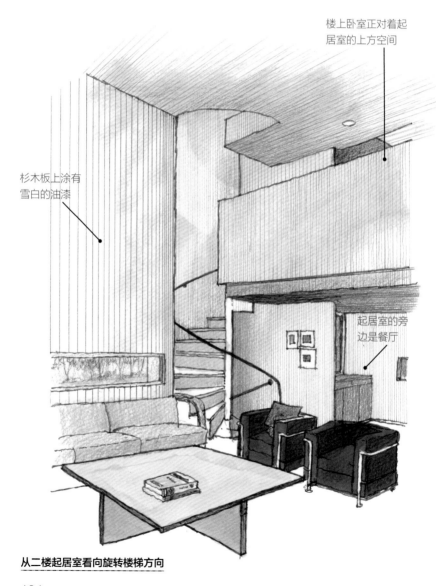

楼上卧室正对着起居室的上方空间

杉木板上涂有雪白的油漆

起居室的旁边是餐厅

从二楼起居室看向旋转楼梯方向

124

查尔斯·格瓦斯梅

Charles Gwathmey（1938—2009）

细节简约、设计精美的建筑风格

在格瓦斯梅还是个默默无闻的建筑师的时候，一家出版社要出版他的局部图集，希望我们可以接下描绘墨线的工作。由于都是木结构住宅，对年轻职员会大有裨益，于是我接受了这份工作邀请。但是当我们拿到图纸时，不禁被眼前如此繁多且密集的情形吓了一跳。一张又一张的A0纸，密密麻麻地画满了1/4比例尺的住宅扶手、窗框、横梁等。当然，那个时代还没有普及CAD制图，所以都是铅笔手绘图纸（笔者拿到的是原图副本）。

当时活跃于美国建筑领域的格瓦斯梅与合伙人西格尔采用的是2×4工法（木造框组壁构法）。住宅外装饰多使用杉木板竖向拼装，并喷涂油漆，使外观变得光彩亮丽。笔者以前只在照片上看到过格瓦斯梅的作品，他的作品简洁大气、条理清晰，十分令人钦佩。当我们拿到他亲手绘制的局部图纸，有机会进一步了解他的设计理念时，对他的崇拜之情又加深了许多。

简约实用的细节设计是外观的加分项。例如在格瓦斯梅住宅的设计建造过程中，外墙竖向安装的杉木板底部节点没有设置滴水槽，而是采用了混凝土翻边工艺，使得住宅外观更加简洁大方。这个细节处理对于降水频繁的地区来说不太适用，但一些家庭在住宅二楼（与一楼相比湿气较低）尝试了这种方法。当然，只局部引用格瓦斯梅的设计很难达到简洁的整体建筑效果，不过这也是无可奈何的事。

10

圣维塔莱河住宅

马里奥·博塔

瑞士提契诺州

依山傍水的人造塔式建筑

圣维塔莱河住宅地处一片茂密的山林中，在这里可眺望到雄伟的阿尔卑斯山。它由建筑师博塔设计建造，是其建筑精神和构造原理的集大成之作。

住宅远远望去像是一个巨大的混凝土结构的箱体，它赫然出现在周围环境中，给人留下深刻的印象。与其说它是一座住宅，不如用"几何形物体"形容它更为合适。直通住宅内部的红色铁桥与周围的自然环境、混凝土箱体的朴素颜色形成了鲜明的对比，别具一格、独具魅力。另外，博塔还擅长运用直线、圆等简单图形，通过分析、布局，呈现出完美的建筑形态。关于博塔对垂直方向的空间构成的处理方法，我们可以从建筑物每一层不同形态的设计以及架空区域的设置中窥见一斑。

瑞士的大自然中散落着各式各样的岩石和石块，令人惊奇的是，混凝土结构的箱体形态竟然与它们十分契合。其实，这都源于设计师博塔对建筑和自然关系的巧妙构思，最终营造出这座融于自然的经典建筑。

背靠阿尔卑斯山的"几何形物体"

建筑年份：1971—1973年
结构：钢筋混凝土结构
层数：地上四层、地下一层
总面积：220 ㎡

这座混凝土结构的塔式建筑位于卢加诺湖畔，背靠圣乔治山麓，依山傍水，自然景观丰富。它虽然是人造建筑，但设计者的巧妙构思使它完美地融入大自然中。

从入口处的红桥看向建筑物

长达18 m的红桥为钢结构，它直通住宅内部

起居室和餐厅与露台连通，站在露台上可以眺望远处的山色湖光

从西南侧上方俯视建筑物

> 圣维塔菜河住宅／马里奥·博塔

形态各异的内部空间

住宅由五个边长为10 m的正方体堆积而成，构造简洁利落。内部空间的设计各有特色，每层的架空区域也不尽相同。设计师博塔擅长处理垂直方向的空间构成，不仅体现在这座住宅中，在他日后建造的其他建筑中也都有所体现。

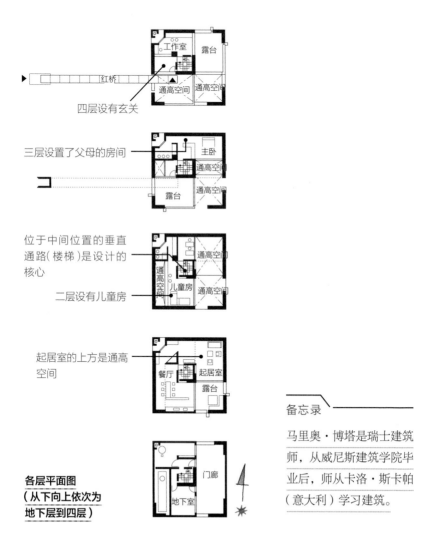

四层设有玄关

三层设置了父母的房间

位于中间位置的垂直通路(楼梯)是设计的核心

二层设有儿童房

起居室的上方是通高空间

各层平面图
（从下向上依次为
地下层到四层）

备忘录

马里奥·博塔是瑞士建筑师，从威尼斯建筑学院毕业后，师从卡洛·斯卡帕（意大利）学习建筑。

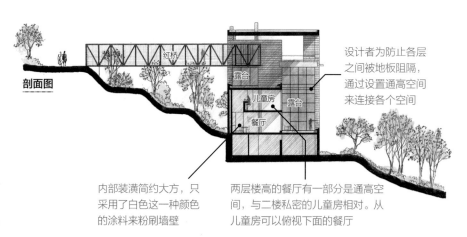

剖面图

红桥

露台

儿童房

露台

餐厅

设计者为防止各层之间被地板阻隔，通过设置通高空间来连接各个空间

内部装潢简约大方，只采用了白色这一种颜色的涂料来粉刷墙壁

两层楼高的餐厅有一部分是通高空间，与二楼私密的儿童房相对。从儿童房可以俯视下面的餐厅

建筑物的最高层与道路高度持平，居住者需要从这里进入住宅，中间层是卧室和儿童房，最底层是起居室和餐厅

从东南侧上方俯视去除屋顶的建筑物

> 圣维塔莱河住宅 / 马里奥·博塔

雷根斯堡住宅
——托马斯·赫尔佐格

德国雷根斯堡

引领时代潮流的『70后』环保住宅

现在，被动式太阳能的原理[1]已经广泛应用于住宅建筑领域，但是在20世纪70年代它还是个新兴事物。当时温室已经出现，不过它作为住宅的一部分，还是相对独立的简易构造形式，还不能从建筑物整体规划的角度综合体现自身价值。

就是在这样一个时代背景下，雷根斯堡住宅横空出世。这座住宅最大限度地运用了被动式太阳能原理，可谓是节能环保的典范之作。建筑物的垂直截面呈三角形，朝南倾斜的屋顶可以充分接受阳光照射，进而促进空气流动。冬季，建筑物南面的温室空间在白天储存热量，热空气逐渐向生活空间流动，可以有效防止夜间室温降低。到了夏季，温室的热气沿着斜坡屋顶向上移动，到达屋顶并排出，上升的气流还可以促进室内通风。说到这里，笔者不得不提起门前那棵"碍眼"的大树，设计者将它保留下来，使之摇身一变成了"遮阳神器"。

设计师首先构思的是建筑物剖面，而后考虑的是太阳能对空气流向的影响，并架构出住宅功能分区，最后完成了房间的布局配置。这种设计方法简洁、明快，与现代社会的生态环保建筑理念有异曲同工之妙。

---

[1] 被动式太阳能原理指不依靠机械装置，遵循自然界热能原理，合理规划建筑物的布局、形态等，通过合理利用太阳能资源来营造室内舒适环境。

综合运用太阳能，营造宜居环境

建筑年份：1977—1979年
结构：**钢结构**
层数：**两层**
总面积：约330 m²

走廊作为连接室内和室外的中间区域，可以起到调节室温的作用。此外，设计者还利用温室、遮阳树木等营造出舒适宜人的室内环境。

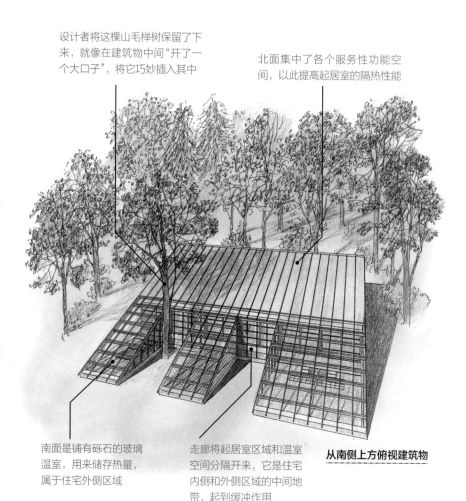

设计者将这棵山毛榉树保留了下来，就像在建筑物中间"开了一个大口子"，将它巧妙插入其中

北面集中了各个服务性功能空间，以此提高起居室的隔热性能

南面是铺有砾石的玻璃温室，用来储存热量，属于住宅外侧区域

走廊将起居室区域和温室空间分隔开来，它是住宅内侧和外侧区域的中间地带，起到缓冲作用

从南侧上方俯视建筑物

兼顾太阳能应用与建筑形态设计

设计者一方面采取室内隔热措施，例如通过高性能的隔热屋顶和窗户来减少太阳光的照射，另一方面为了综合利用太阳能，对住宅的形态设计也颇费心思。进入住宅内部，开放式的起居室等空间使人豁然开朗，心情愉悦。

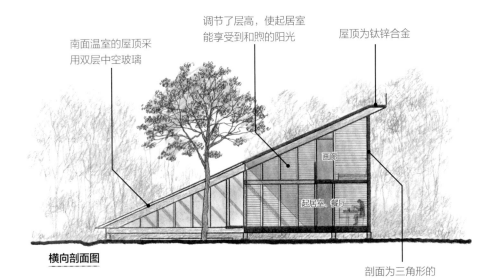

南面温室的屋顶采用双层中空玻璃

调节了层高，使起居室能享受到和煦的阳光

屋顶为钛锌合金

画廊

起居室、餐厅

横向剖面图

剖面为三角形的住宅构造可促进空气流通

备忘录

赫尔佐格是著名的建筑师和建筑学教授。他以"可再生能源的利用""可持续性"为研究课题，在开发建筑材料的同时也积极投身于建筑设计工作，追求设计、技术、自然三者之间的协调统一。

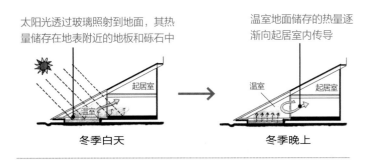

太阳光透过玻璃照射到地面，其热
量储存在地表附近的地板和砾石中

温室地面储存的热量逐
渐向起居室内传导

起居室

温室 起居室

冬季白天

冬季晚上

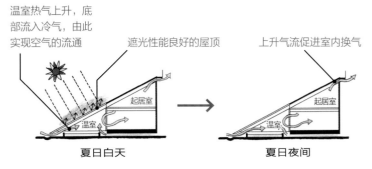

温室热气上升，底
部流入冷气，由此
实现空气的流通

遮光性能良好的屋顶

上升气流促进室内换气

起居室

温室

起居室

温室

夏日白天

夏日夜间

被动式太阳能原理的运用（上：冬季；下：夏季）

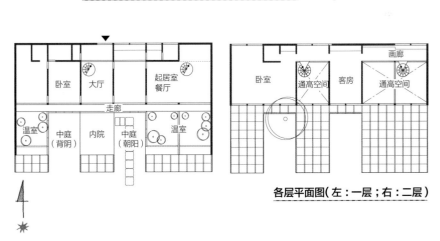

卧室 大厅 起居室
餐厅

走廊

温室 中庭
（背阴） 内院 中庭
（朝阳） 温室

画廊

卧室 通高空间 客房 通高空间

各层平面图（左：一层；右：二层）

〉 雷根斯堡住宅／托马斯·赫尔佐格

12

玛格尼住宅

——来自大自然启示的建筑形态

格伦·马库特

澳大利亚新南威尔士州

如果想在远离城市中心的郊外建造房屋，就要综合考虑建筑结构、施工、材料运输等问题。这里为大家带来的玛格尼住宅就是一座郊外建筑，它位于澳大利亚境内一片辽阔的土地上，当地自然条件严苛。设计师马库特结合这种自然条件，为方便搬运材料和施工作业，采用了重量轻、刚性强的波纹铁[1]。

由于这种铁板价格低廉且取材方便，马库特选择用它来搭建住宅屋顶。通过他的巧妙构思，不仅充分发挥了铁板的实用性功能，还使它变身为装饰材料。安装了波纹铁的屋顶，造型美观、曲线优美，它大幅度地探出住宅北面（澳大利亚处于南半球，因此北面朝阳），有很好的遮阳效果，能够有效应对澳大利亚炎热的夏季。另外，在住宅南面的外墙也使用了这种材料进行遮光。当然，起居室、卧室等日常生活空间都被安排在了舒适的北面。

在这样一个土地辽阔、人烟稀少的地方，玛格尼住宅赫然而立，与它做伴的只有周围的自然景观。可以说是大自然造就了它，而它也很好地融入了大自然。正因为如此，我们可以从这座住宅中感受到其他建筑所不具备的坚韧不拔的生命力。

---

[1] 当时，人们普遍认为波纹铁是廉价的外装材料，多用于建造工厂、仓库等。

用最优雅的屋顶遮挡
最耀眼的阳光

建筑年份：1982—1984年
结构：钢结构
层数：一层
总面积：225 m²

线条优美的曲面屋顶能有效遮挡强光照射，
使室内光线变得柔和。在这里，我们可以
仰望长空，也可以欣赏湖景。

室内的墙面没有一通到顶，形成封闭式空间，曲
面屋顶因此得到自由，任意挥洒着流畅的线条

冬季，和煦温暖的阳光通过曲面屋顶照
射到室内，使整个空间充满温馨的氛围

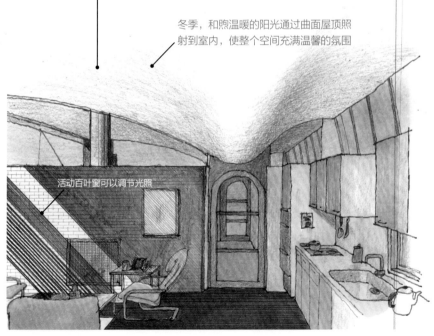

活动百叶窗可以调节光照

从厨房看向壁炉方向

> 玛格尼住宅 / 格伦·马库特

旨在赏景的小规模住宅计划

平面图

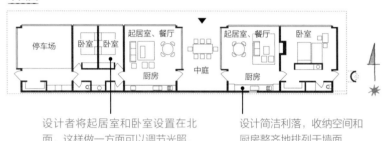

设计者将起居室和卧室设置在北面，这样做一方面可以调节光照，另一方面还能欣赏美丽的湖景

设计简洁利落，收纳空间和厨房整齐地排列于墙面

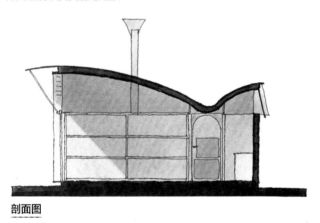

剖面图

备忘录

马库特是著名建筑师，主要活跃于澳大利亚的建筑领域，他坚持独立进行设计创作，不雇佣任何工作人员，曾荣获众多荣誉奖项，闻名遐迩。另外，他还是出名的低产建筑师，对此，他本人回应道："再平常的事情我也会投入巨大的热情，而这和作品数量直接挂钩。"

简约大方的帐篷式住宅

住宅北面有湖、东面有海、南面有山，拥有丰富的自然景观。客户当初想要的就是"置身自然、欣赏美景"的露营般的生活体验。

设计简洁利落的纵向雨水管

大幅度探出的遮阳屋顶

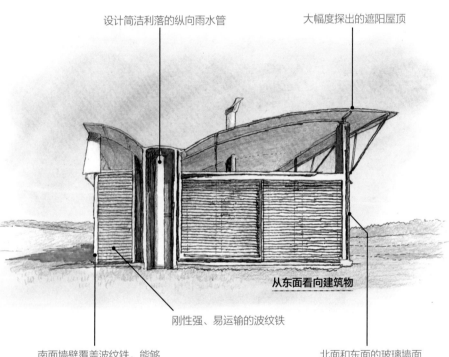

从东面看向建筑物

刚性强、易运输的波纹铁

南面墙壁覆盖波纹铁，能够完全遮挡日照。室内采光来自顶部的窗户

北面和东面的玻璃墙面底部装有活动百叶窗，可调节光照

超级土屋——

就地取材，大爱人间

纳迪尔·哈利利

中东地区

中东地区有很多寸草不生的干旱地区，人们不仅没有像样的建筑材料，更不具备购买材料的财力。

面对如此严峻的世界性生存课题，建筑师哈利利尝试通过一种新型住宅建筑——"超级土屋"[1]找到了解决问题的突破口。这种建筑能够就地取材，方便快捷。材料只需要泥土、细长的沙袋，还有战场上随处可见的带刺铁丝。建造方法也十分简单，从地里挖出泥土，装进沙袋，并将它们盘旋堆起。6个成年人用6天时间就能建成一座超级土屋，非常方便。为了防滑，设计师哈利利还在沙袋与沙袋之间夹入带刺铁丝，使沙袋紧紧地固定。其实，笔者起初曾质疑过它的稳固性，但据说由层层沙袋堆起的圆顶屋可以承载10个成年人的重量，坚实的建筑结构不禁令人赞叹。

设计师哈利利认为，住宅不仅要让居住者住得安全、放心，在建造过程中还应该保护环境。超级土屋为现代社会带来了启示，为未来的住宅建筑指明了方向。

---

[1] 超级土屋实际上是生态圆顶屋和虚拟圆顶屋的总称，通常由多个圆顶建筑共同构成。

6个人就能建成的避难所

将泥土装进细长的沙袋中盘旋堆起。在沙袋与沙袋之间夹入带刺铁丝，防止沙袋滑落。重复上述操作，便可建成超级土屋。

建筑年份：1996年至今
结构：泥土壳结构
层数：一层

传统的住宅建造大多通过砍伐森林、开山破石等方式，这在很大程度上破坏了当地的自然环境。与此相对，超级土屋采取了与它们截然不同的环保建造方式

就地取材，仅需泥土、沙袋和带刺铁丝

从斜上方俯视建筑物

泥土是世界上任何地方都拥有的天然材料，即便是那些寸草不生、无法采石的地方也能轻松获取

> 超级土屋 / 纳迪尔·哈利利

守护人与自然的超级土屋

超级土屋实现了"低成本、易取材、优环境"的环保建筑理念。

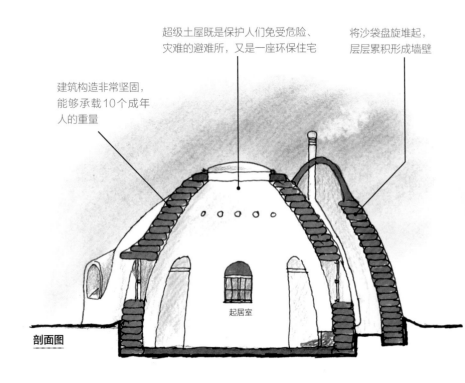

建筑构造非常坚固，能够承载10个成年人的重量

超级土屋既是保护人们免受危险、灾难的避难所，又是一座环保住宅

将沙袋盘旋堆起，层层累积形成墙壁

起居室

剖面图

备忘录

纳迪尔·哈利利是美籍伊朗裔建筑师，也是一名人道主义者。他曾说过"保持好奇心是通往成功的法宝"，并以此鼓励人们永葆激情，砥砺前行。

超级土屋还能作
为避难所使用，
使人们免受灾难
和外敌侵扰

建筑物正面外观

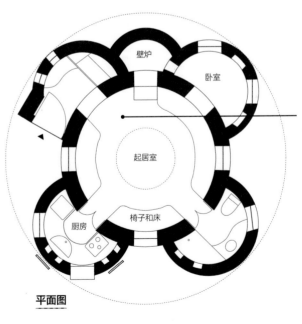

壁炉

卧室

起居室

厨房

椅子和床

这是一座小规模住
宅，通过合理的布局
安排，可以满足居住
者的基本日常需求，
也是现代社会极简住
宅的典范

平面图

纳迪尔·哈利利
Nader Khalili (1936—2008)

人道主义建筑师和他的大爱建筑

　　纳迪尔·哈利利是美籍伊朗裔建筑师，他将一生都献给了挚爱的建筑事业。为了使饱受贫困和战争苦难的人们住上安全稳定的住宅，他历经无数次失败和尝试，终于创造出一套新型建筑系统。

　　一般来说，建筑师们最关心的是建筑物的外观造型、自我技术水平的发挥，以及空间构成的样式等。但是，哈利利似乎对这些都不感兴趣，他的理想是建造这样一种住宅：利用简单的方法、获取方便的材料和简易的工具等，建造成安全、稳固的建筑。

　　哈利利生前还积极投身于人道主义救援活动，被奉为"全球首位人道主义建筑师"，真正做到了将人道主义精神践行至建筑设计中。他的足迹遍布世界各个角落，并常年为战后荒地建造房屋，给苦难中的人们带去希望。哈利利去世后，他的子女和他生前创办的组织继承了这种大爱情怀，并继续发扬光大。

　　现在，一个名为"Cal-Earth"[1]的团体将哈利利的建筑理念（包括本书第138页介绍的超级土屋）传播到了世界各地。

---

[1] Cal-Earth是加州土造艺术与建筑学院（California Institute of Earth Architecture）的简称。

帕雷克住宅

查尔斯·柯里亚

印度艾哈迈达巴德

夏之屋、冬之屋

随着全球变暖日益加剧，有些地区的昼夜温差也越来越大。当然，我们可以通过空调等现代化设备调节温度，但是从节能环保的角度来看，不宜过度使用。那么，如何解决这个世界性难题呢？这里介绍的帕雷克住宅或许能带给我们一些启示。

帕雷克住宅位于印度第六大城市艾哈迈达巴德，当地夏季的平均最高气温高于 40 ℃，早晚气温降至 27 ℃左右。为此，应对当地的干燥空气和强烈日照而建造舒适宜居的住宅就成了设计师们面临的重要课题。

对此，柯里亚，也就是帕雷克住宅的设计建造者给出了一个简单明了的答案——只要换个地方就行了。他在该住宅内分别设置了夏屋和冬屋，在白天酷暑难耐的时间段，居住者可以到夏屋避暑，而到了温度较低的早、晚间，居住者可以移步至开阔的冬屋，享受温暖。柯里亚利用冷空气下降，热空气上升的物理特性，将夏屋安排在住宅底层，并设置了低矮的屋顶，以使居住者免受烈日的侵袭。此外，他还考虑到室内空气流通的问题，经过一番构思，使庭院中的冷空气能下沉到夏屋，而夏屋中的热空气则通过屋顶的烟囱装置排出，一进一出形成了良好的空气循环。至于冬屋，则设置在装有百叶窗的屋顶之上。整座住宅虽然结构简单、材料（砖瓦）廉价，但经过柯里亚的精心设计，建筑既美观大方，又功能齐全，着实让人佩服。

气候是影响住宅建造的重要因素

建筑年份：1968年
结构：砖混结构
层数：地上三层

虽然柯里亚十分敬仰勒·柯布西耶，但也在逐渐探索更符合当地风土气候的建筑，而这座帕雷克住宅就是一个成功的例子。

由于住宅是南北延伸的，因此减少东西面的热负荷就变得尤为重要

屋顶的百叶窗可以遮光

从东面看向建筑物

采用了当地常用的砖体结构

备忘录

查尔斯·柯里亚曾留学美国，跟随理查德·巴克敏斯特·富勒、路易斯·康等建筑大师学习建筑知识。据说他在学成回国之际，在巴黎看到了勒·柯布西耶设计的贾奥尔住宅（请参见本书第75页），深受震撼。

立体构思的夏屋与冬屋

自然通风的夏屋在炎炎夏日为居住者提供了避暑之地，开阔温暖的冬屋使居住者拥有悠然惬意的居住感受，这一切都要归功于设计者的立体结构设计。在设计中，半室外状态的冬屋（露台及庭院）覆盖着整栋建筑物。

白天炎热的时间段，可以在凉快的餐厅和起居室度过

夏屋剖面图

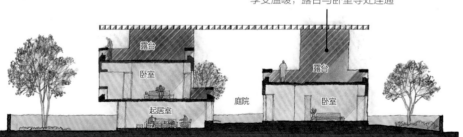

早晚时分可以到开放式屋顶露台上享受温暖，露台与卧室等处连通

冬屋剖面图

分设夏屋和冬屋的住宅建筑

住宅中央设有通风区域，可以将夏屋(起居室、餐厅)的热气排出室外

卧室

露台

通风区域

卧室

露台

起居室

庭院

卧室

下沉式空间

餐厅

厨房

各层平面图(下：一层；上：二层)

Y住宅

缓丘住宅

美国纽约
斯蒂文·霍尔

关于建筑物与建筑用地的关系，一直以来都是设计师们探索的重要课题。有的人会通过住宅外观反映土地的地形地貌，还有的人会通过住宅的空间构成突出地形的特征。

Y住宅被建在一片自然景观丰富的丘陵上，气派的红褐色外观魅力十足。仅从外观来看，很难判断出它与地形的关系，然而穿过低矮的玄关门廊，一个斜屋顶的空间就出现在了眼前。进到住宅内部，再往里走会看到一段平缓的楼梯，它像一个步伐轻盈的使者一样引导我们走向楼上。楼梯给人的感觉与丘陵相似，越向上走就越平缓。随着楼梯越来越缓，两个被分隔开的空间展现在眼前。它们分别设有一个大开口，一个朝南、一个朝西，通过开口可以眺望远处的美景。整座住宅的建筑形态正如其名，两个空间分叉式布置，呈Y形。它完美地融入了自然景观之中，感受着这片土地的岁月流转。

实际上，人们对Y住宅还有另外一种解读，认为它是二合一建筑，即两栋独立住宅的合体建筑。一般来说，住宅通常划分为两大区域，即公共区域（起居室等）和私人区域（卧室等），但是Y住宅在两栋房屋的上下层分别设置了公共区域和私人区域，形成两座功能独立的住宅。这种建筑模式为居住者提供了舒适宽松的居住体验。

林间的"双面佳人"

图片为露台一侧的建筑外观。如果变为玄关一侧则大不相同，它非常接近仓库的外观造型，这主要是受到了当地传统木结构建筑的影响。

建筑年份：1999年
结构：木结构
层数：地上两层、地下一层
占地面积：4.5公顷
总面积：约350 m²

向西南方向探出的露台有部分设计需要用轻量的细框架来表达，于是设计者对钢架喷涂了与住宅外装相同的颜色

住宅外墙铺设了杉木板

从南边看向建筑物

Y形设计

据说，设计师霍尔第一次来到这片土地时，就已经想出了Y住宅的设计方案。待到实际建造时，也是按照最初的素描稿完成的。

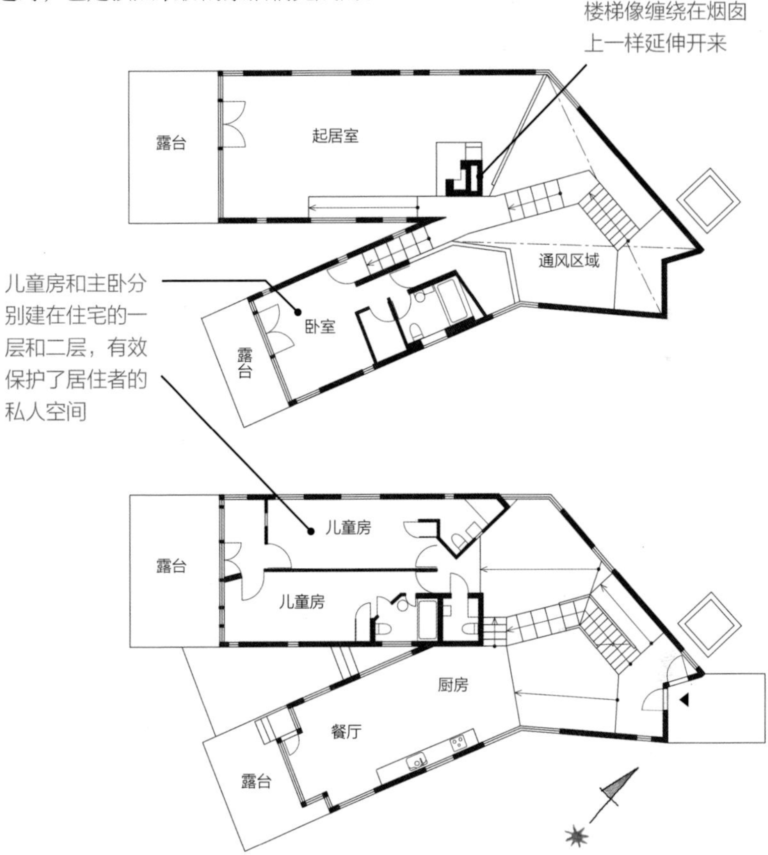

楼梯像缠绕在烟囱上一样延伸开来

儿童房和主卧分别建在住宅的一层和二层，有效保护了居住者的私人空间

露台　起居室

卧室　通风区域

露台

儿童房

露台　儿童房

厨房

餐厅

露台

各层平面图（下：一层；上：二层）

备忘录

斯蒂文·霍尔除了是一位著名的建筑师，还是一位著名的画家，他的水彩画非常漂亮，深受人们的喜爱。在Y住宅的建筑结构和内部分析的草图中，就有一部分是他用水彩描绘的。

流水般的动线引导我们进入
下一个空间

墙壁将走廊一分为二，区分了公共区域和私人区域。

房主是位艺术爱好者，希望能多设置几面装饰墙。设计师霍尔不仅满足了他的这一要求，还将住宅整体设计成了生动立体的Y形结构，整座建筑宛如一件艺术品

天花板和地面都铺设了板材

露台只设扶手，不设墙面，给人以开阔感

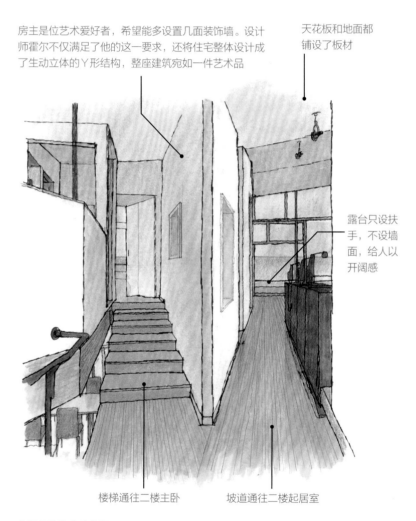

楼梯通往二楼主卧

坡道通往二楼起居室

分设部位的室内空间
（从走廊看向露台方向）

瓦尔斯别墅

瑞士瓦尔斯
SeARCH、克里斯蒂安·米勒

于洞穴之中仰望绝世美景

在瑞士中部，一个被阿尔卑斯群山环抱着的山谷里，有一个名叫瓦尔斯的美丽村庄。建筑师彼得·卒姆托在这里建造了一座温泉浴场[1]，使得村庄名声大噪，受到人们的广泛关注。这里介绍的瓦尔斯别墅就建在这个村庄里。瑞士是一个非常重视自然环境的国家，每个地区都出台了相应的环保细则，瓦尔斯别墅的设计建造也必须遵从当地法律条文的规定。

瓦尔斯别墅在构思设计阶段就面临一个棘手的难题。一方面要使住宅完全融入大自然，而且不能影响到温泉浴场的开阔视野，另一方面还要考虑住宅内部的观景角度，如何兼顾平衡这两方面成为设计者的首要课题。

建筑师的提议是选一处缓坡，挖建一个圆形庭院，在庭院的四周建造住宅。从地面俯视住宅时，它就像被埋在缓坡里面。由于是挖地建院，因此不会影响温泉浴场的景观视野。另外，建筑师还在住宅中设置了大片窗户，居住者即使身处"地下"，也能将如画般的美景尽收眼底。

这座建在"地下"的瓦尔斯别墅既能与大自然完美融合，也能使居住者欣赏到独一无二的绝世美景。

---

[1] 温泉浴场指的是由瑞士建筑师彼得·卒姆托设计建造的瓦尔斯温泉浴场。卒姆托于2009年获得普利兹克建筑奖，该奖项是建筑界的最高奖项，授予为世界建筑领域作出卓越贡献的建筑师。

群山环绕的宁静村庄，别有洞天的"地下"别墅

建筑年份：2009年
结构：钢筋混凝土结构
层数：地下二层
总面积：约300 m²

瓦尔斯别墅又被称为"洞穴别墅"，所谓洞穴实际上是别墅的庭院。这一构想主要是为了不影响瓦尔斯温泉浴场的景观视野，整座住宅就像是被埋在地下。宽敞的庭院实现了房屋采光、通风、换气等功能。

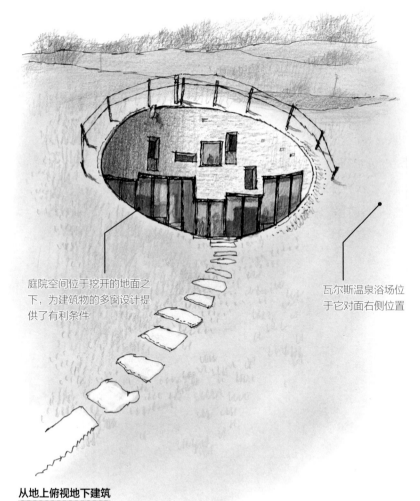

庭院空间位于挖开的地面之下，为建筑物的多窗设计提供了有利条件

瓦尔斯温泉浴场位于它对面右侧位置

从地上俯视地下建筑

152

此景只在"地下"有，平日能有几回逢

建筑师不满足于只是欣赏风景，他认为风景可以通过建筑来创造。事实上，瓦尔斯别墅确实做到了这一点。雄伟的阿尔卑斯山脉、宁静的村庄、湛蓝的天空，眼前的风景美得像一幅画，这是只有在这座"地下"别墅里才能欣赏到的风景和视野，拥有独一无二的魅力。

在偌大的圆形庭院中可以欣赏360°的美景，这是其他任何住宅建筑都无法实现的

庭院

从庭院看向外面

建筑师利用缓坡和庭院地面之间形成的空间放置柴火

庭院的设置既有效保护了住宅的私密性，又能够让人在此眺望壮丽的自然风景

> 瓦尔斯别墅 /SeARCH、克里斯蒂安·米勒

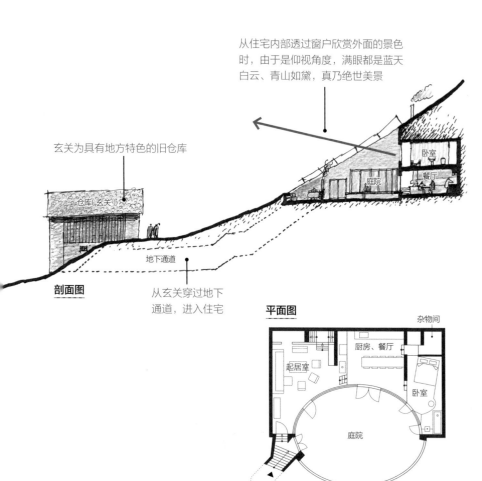

从住宅内部透过窗户欣赏外面的景色时，由于是仰视角度，满眼都是蓝天白云、青山如黛，真乃绝世美景

玄关为具有地方特色的旧仓库

仓库（玄关）

剖面图

地下通道

从玄关穿过地下通道，进入住宅

卧室

餐厅

庭院

平面图

杂物间

厨房、餐厅

起居室

卧室

庭院

连通仓库（玄关）

备忘录

在瑞士，即使是符合国家建筑规划法规的建筑，地方自治团体也有权审查并提出修改意见。但由于瓦尔斯别墅很好地保护了当地的自然景观，于是免去了审查的环节。

第 3 章

日本的经典住宅建筑

明治维新后，日本的住宅风格受西方文化的影响而逐渐发生变化。日本这一时期的建筑既反映了欧美现代主义建筑思想，又蕴含着日本本土的建筑元素，渐渐形成了独具特色的建筑风格。

新岛宅邸

日西合璧的住宅建筑

京都·上京

京都作为日本的古都，拥有许多古朴庄严的寺院。明治维新后第十年，在这座古城惊现了一张"新面孔"——新岛宅邸。它的主人新岛襄[1]曾旅居美国近十年，这座住宅是他回到日本后请人设计建造的。

该住宅虽然外观上采用了西式建筑风格，但实际上是按照日本传统的明柱墙工艺[2]建造而成的，并结合日本的气候特征，将房檐做得更深。新岛宅邸将西欧风格与日式风格合而为一，形成了一座独具特色的住宅，而宅邸中很多别具一格的建筑元素大多来自新岛襄旅美期间的生活启示。新岛宅邸的建成推动日本建筑界进入了一个新阶段，20世纪初，日本各地如雨后春笋般涌现出大量日西合璧的建筑。

新岛宅邸的内部环境舒适宜居、设施齐全。例如，设计师为配合房主的椅式生活方式（与席地而坐相对的坐在椅子上的生活方式），在几乎所有房间都铺设了复合地板，还设置了壁炉以供取暖。同时，设计师也加入了很多日式建筑元素，如拉门、隔扇、格窗、箱式楼梯等。

新岛襄在旅美期间接触到美国文化，并渐渐习惯了当地生活，回国后发现宣扬开放门户的日本却依然保持着以前的生活方式，他努力地想要适应眼前的一切，并尝试在此落地生根。这座日西合璧的住宅正是房主精神世界的体现。

---

[1] 新岛襄在日本幕府时期脱离藩籍，远赴美国。后作为传教士回到日本，创立了同志社大学。
[2] 柱子露在外面的墙壁，为普遍的日式房屋的墙壁样式。

西洋别墅风的外观

虽然是西洋别墅风的外观，但住宅却是请京都木匠采用传统明柱墙工艺建造而成的。没想到在这"洋"外观之下竟藏着一颗"传统的心"，着实令人惊叹。

建筑年份：1878年
结构：木结构
层数：两层
总面积：217.4 m²

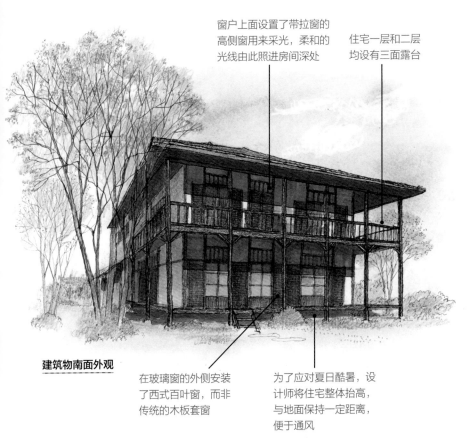

窗户上面设置了带拉窗的高侧窗用来采光，柔和的光线由此照进房间深处

住宅一层和二层均设有三面露台

建筑物南面外观

在玻璃窗的外侧安装了西式百叶窗，而非传统的木板套窗

为了应对夏日酷暑，设计师将住宅整体抬高，与地面保持一定距离，便于通风

日式田字格设计方案

将房间设置在田字格中，以走廊连接。
其实，在最初的田字格设计方案中只有
相连的房间，并没有设置走廊。

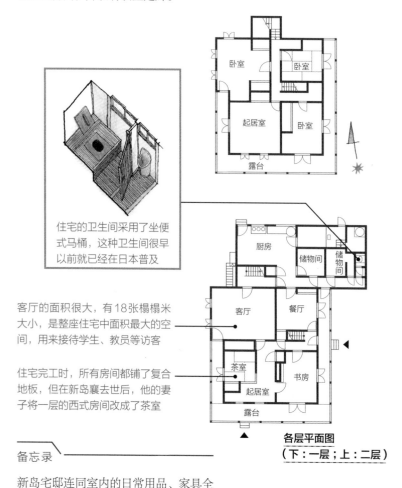

住宅的卫生间采用了坐便式马桶，这种卫生间很早以前就已经在日本普及

客厅的面积很大，有18张榻榻米大小，是整座住宅中面积最大的空间，用来接待学生、教员等访客

住宅完工时，所有房间都铺了复合地板，但在新岛襄去世后，他的妻子将一层的西式房间改成了茶室

各层平面图
（下：一层；上：二层）

备忘录

新岛宅邸连同室内的日常用品、家具全部被认定为京都市重要文化遗产。

丰富的现代主义建筑元素

设计师为了配合日本夫妇的生活方式，加入了许多日西合璧的设计创意。

一层厨房平面透视图

一层设有壁炉，为了使一层和二层都能享受到温暖，设计师在一层角落位置开了一个出风口，以便用余热给二楼保温

当时，日本人大多直接在三合土地面上搭建厨房，而这座住宅的厨房则设置在铺有复合地板的房间里，室内还设置了水井

新岛襄的书房建在东南面，书架上摆满了密密麻麻的书籍

从一层书房看向走廊和楼梯

吉岛家住宅——岐阜高山 西田伊三郎、内山新造

经典商业建筑

吉岛家住宅在1905年遭大火烧毁，于1907年重建。它虽然是明治末期的建筑，但是仍然保留着江户时代传承下来的商业建筑的特色。

位于日本岐阜县高山市的吉岛家是一家商铺，早在江户时期就开始了养蚕、缲丝、酿酒、金融等生意，整日门庭若市，十分兴隆。建筑的正面是由各式各样的格窗构成的，有竖格窗、横格窗、粗格窗、千棂格窗等。当时，格窗对于一般百姓来说还很奢侈，所以并未普及。由此可见吉岛家财力之雄厚，是名副其实的豪商巨贾。

接下来看看这座建筑的内部空间。在高山市，一般家庭多会设置一个宽约2.7 m大小的贯通式三合土地面空间[1]，而吉岛家设置了一个更宽敞、更通透的空间。当我们抬头望向屋顶时，会看到由做工精良的横梁和桁架构成的挑高空间。晴天时，阳光从高窗洒进屋内，使它们呈现出美丽的有质感的木纹理。

吉岛家住宅由西田伊三郎、内山新造这两位名匠设计建造而成，是不可多得的经典建筑。这座由富豪斥巨资建造的极尽奢华的商铺、农舍，为建筑技术的传承以及优秀手工艺人的培养作出了巨大的贡献。

---

[1] 从前门贯通到后门的三合土地面空间。主体结构轴测图由吉岛忠男、多田公昌绘制完成。

由柱子、横梁、桁架搭建的土豪建筑

建筑年份：1907年（重建）
结构：木结构
层数：两层

三合土地面空间的屋顶由横梁和桁架交错构成。裸露在外的屋架十分引人注目，由飞骅名匠建造而成，他们深知木材伸缩和扭曲变形的特性，运用高超的技术，精益求精，可谓匠心打造。

裸露在外的横梁

存放灯笼的箱子

餐厅

铺设榻榻米的客厅（中）

贯通式三合土地面空间

刷漆的顶梁柱

从贯通式三合土地面空间看向铺设着榻榻米的客厅

❯ 吉岛家住宅／西田伊三郎、内山新造

飞驒名匠的智慧结晶

在房架外露的三合土地面空间的深处，
是一间铺有天花板和榻榻米的客厅。

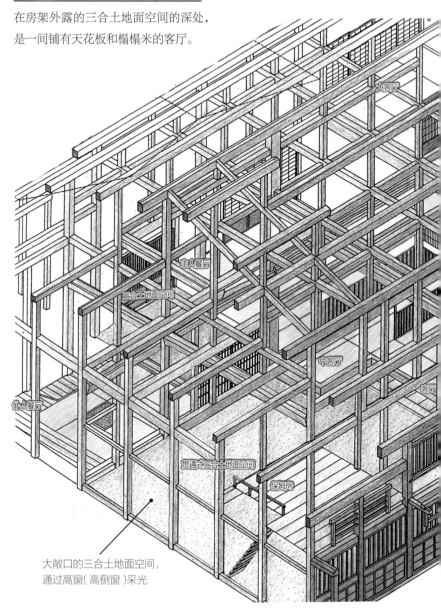

大客厅

主人餐厅

三合土地面全间

中客厅

仆人餐厅

客厅

贯通式三合土地面全间

保姆房

大敞口的三合土地面空间，
通过高窗（高侧窗）采光

主体结构轴测图

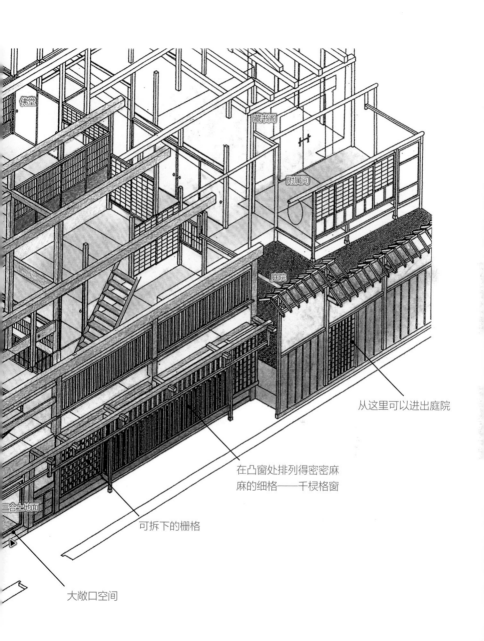

佛堂

藏井阁

附屋间

庭院

从这里可以进出庭院

在凸窗处排列得密密麻麻的细格——千棂格窗

可拆下的栅格

三合土地面

大敞口空间

〉吉岛家住宅／西田伊三郎、内山新造

高山街区的"镇街之宝"

吉岛家住宅由主楼和藏书阁组成，是日本政府指定的重要文化遗产。

用来采光和排烟的小屋。光线从这里照进三合土地面空间的敞口区域

房檐下的大酒幌向人们诉说着吉岛家的酒坊历史

主楼为两层楼建筑

高脊防火墙，可有效防止邻居家着火时波及自家

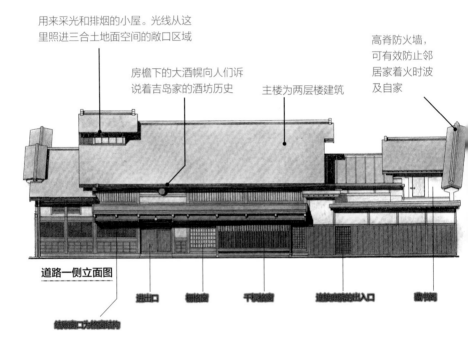

道路一侧立面图

结账窗口为格窗结构

进出口

栅格窗

千本格窗

连接庭院的出入口

藏书阁

备忘录

这是一则讲述屋架魅力的趣闻。据说，建筑摄影师二川幸夫第一次到访吉岛家住宅时，高窗洒进的阳光将立柱和横梁衬托得精美绝伦，摄影师被其深深吸引，忘我地拍个不停。

房间布局揭示了身份地位

当时的日本还处于封建社会阶段，主仆空间的布局揭示了身份地位的差异。吉岛家住宅采用三合土地面空间来区分间隔，而不是传统的墙壁，从这一点可以看出主人充满人情味的家庭观念。

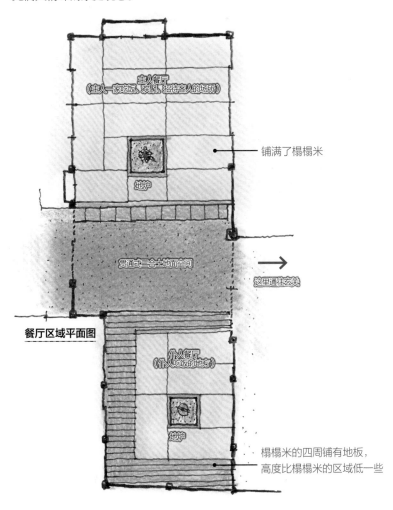

主人餐厅
(主人一家吃饭、欢聚、招待客人的场所)

铺满了榻榻米

地炉

贯通式三合土地面空间

这里通往玄关

餐厅区域平面图

仆人餐厅
(仆人吃饭的地方)

地炉

榻榻米的四周铺有地板，
高度比榻榻米的区域低一些

03

听竹居

匠人手工打造的艺术住宅

——藤井厚二
京都大山崎

建筑师们的家往往是将自己作为"小白鼠"进行实验的基地，藤井厚二就是其中一位。在他短短49年的人生中，曾五次重建自己的家。他在精心设计的家里日复一日地收集气温等数据，深入研究日本的气候、风土和建筑的关系，通过大量数据的积累和夜以继日的研究，终于打造出一座理想的住宅建筑——听竹居。

这座建筑是藤井为自己设计建造的第五座住宅。房间的布局既充分考虑了光和热的自然因素，又活用了风能等自然能源。除此之外，听竹居的建造还是一次大胆的尝试，藤井试图将日本人逐渐西化的生活方式与日本传统的住宅结构结合起来，建造一座日西合璧的住宅。

例如，该住宅内的日式榻榻米房间和西式房间相邻而居，设计师为了使榻榻米座席和椅座的视线高度一致，将榻榻米的地面高度提升了30 cm。同时，他还利用这30 cm的高度，设置了通气孔，能在夏季将地下的冷空气引入室内。

这座住宅可以说是生态住宅的先锋，它的设计者早在节能环保概念出现之前就已经提出了"不依靠机器、手工打造住宅"的建筑理念。

结合生活方式打造的日式住宅

建筑年份：1928年
结构：木结构
层数：一层
占地面积：约40 000 m²
面积：173 m²（主屋）

当时的住宅根据椅座、榻榻米两种生活方式进行了不同的设计，听竹居的设计者尝试建造一座可以同时满足两种生活方式的住宅。

藤井认为，传统日式住宅的屋顶结构单一、光线暗淡，为了改善这一点，他尝试了各式各样的材料，并将屋顶设计成几何图形结构

餐厅被一面设有圆弧开口的墙壁隔开

藤井尝试设计生活的方方面面，包括嵌入式家具、坐垫、照明等

书房

起居室

三张榻榻米大小的空间

餐厅

从餐厅看向起居室

内部装潢和家具大多采用了柚木材质

榻榻米比地板高出30 cm。此外，客厅的壁龛结合椅座的高度，进行适当调高

"内外兼修"的日式住宅

外墙上的饰面都是设计者通过实验择优选取的。

从东南方向看向建筑物

外墙涂抹了浅黄色的灰泥

外墙的选材在经过大量实验验证后，最终选取了隔热性能良好的泥灰墙

备忘录

藤井厚二喜爱茶道和花艺，"听竹居"的名字便来源于他的雅号，意为"倾听林间清音的雅居"。在这片区域内，除了主屋听竹居，还设有闲室（茶室的前身）和下闲室（听竹居特有的空间）。

功能性住宅的先锋力量

设计者非常重视住宅的采光和通风，在经过反复实验和研究后才建造完成。

设计者在室内通风方面也是下足了功夫，例如在格窗顶部设置换气口，使空气上升后可以经过住宅两侧的通风窗排出室外

埋有输气管，可吸入室外的空气

横向剖面图

起居室连通餐厅、榻榻米空间和书房，这样的布局安排不仅保证了家人各自的活动空间，还为他们提供了聚集的场所

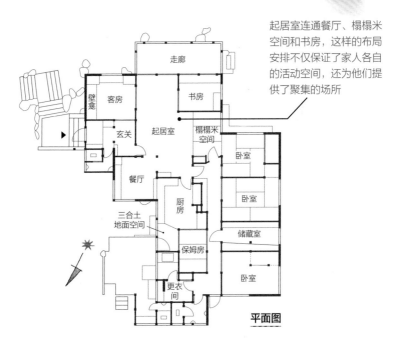

平面图

轻井泽夏之家

——安东尼·雷蒙德

长野轻井泽

利用朴素的材料建造摩登的家

1919年，安东尼·雷蒙德应建筑师弗兰克·劳埃德·赖特（请参见第37页）之约来到日本，负责东京帝国饭店[1]的现场监管工作，并由此开启了他长达43年之久的旅日生涯。这期间，他给日本建筑界带来了巨大的影响。

雷蒙德虽然是一位现代主义建筑师，但是他并不赞同现代建筑运动所提倡的国际风格（超越地域差别的共通风格）。多年来，他一直秉承"建筑物要尊重地域特性和当地传统工艺"这一建筑理念，设计建造了诸多建筑，举世闻名。

轻井泽夏之家在室内坡道和V形屋顶的设计上，与柯布西耶1930年的某住宅设计方案有相似之处，因而被诟病有剽窃之嫌。那么，实际情况又如何呢？原来，雷蒙德想要建造一座就地取材、契合自然的摩登建筑。具体来说就是利用当地特有的材料，如剥掉树皮的栗子树和杉树圆木、熔岩石等，融入现代建筑的元素，营造厚重、有质感的氛围，并将建筑物完美地融入丰富的自然景观中。这座既摩登又具有地域特色，还将日本当地原材料与现代风格巧妙结合在一起的建筑便是轻井泽夏之家。

---

[1] 1923年竣工。建筑物初建时的中央玄关部分已经移至爱知县明治村博物馆，重新修建并保存至今。

在混凝土护坡上建起的木结构住宅

建筑年份：1933年（1986年迁址重建）
结构：木结构
层数：一层（部分两层）
建筑面积：169 m²
总面积：197 m²

这座住宅是雷蒙德为自己建造的夏日度假别墅，兼做他的工作室。住宅于1986年迁址重建，现在保存于贝内美术馆内（位于日本长野县轻井泽），向公众开放。

屋顶呈V形设计。因其形状与蝴蝶展翅的姿态相似，故该类型的屋顶又名"蝴蝶屋顶"

住宅竣工时，设计师在屋顶镀锌铁皮上铺满了成捆的落叶松枝条，用来隔热

外墙为横向安装的杉木板

建筑物当初是建在护坡上的，现在已迁至平地重建

南面建筑外观

在原始建造地的前方有一方池塘

> 轻井泽夏之家／安东尼·雷蒙德

夏日度假别墅兼工作室

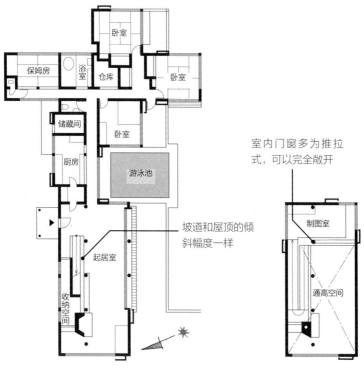

卧室

保姆房

浴室

仓库

卧室

储藏间

卧室

厨房

游泳池

起居室

收纳空间

坡道和屋顶的倾斜幅度一样

室内门窗多为推拉式，可以完全敞开

制图室

通高空间

各层平面图（左：一层；右：二层）

于坡道之上，享开阔视野

坡道的尽头是制图室，吉村顺三等人曾在这里工作。

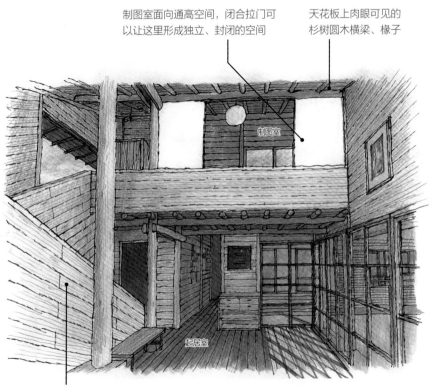

制图室面向通高空间，闭合拉门可以让这里形成独立、封闭的空间

天花板上肉眼可见的杉树圆木横梁、椽子

制图室

起居室

缓坡设计的坡道

从一层起居室的开阔空间看向二层制图室

备忘录

安东尼·雷蒙德的妻子诺艾米也是一位设计师，主要设计纺织品和家具等，她也参与了这座住宅的设计工作，并提出了许多宝贵意见。

安东尼·雷蒙德

Antonin Raymond（1888—1976）

将日本传统建筑推向现代主义的建筑师

　　雷蒙德作为日本现代建筑之父，在日本建筑史上留下了浓墨重彩的一笔。他常年旅居日本，在第二次世界大战爆发前的18年间以及战后的26年间一直生活在日本。在这长达44年的岁月里，他创作了大量建筑作品，成绩斐然，对日本建筑的发展产生了深刻影响。他在旅日期间创作的作品多为木结构建筑，初见平平无奇，却拥有比日本传统建筑更先进的结构形态和居住方式。例如，雷蒙德虽然采用日本传统门扇（隔扇和拉门的总称），但并不拘泥于选材和尺寸，他甚至还用过直通到顶的折叠门和布帘来间隔相连的房间。

　　雷蒙德设计建造的住宅都拥有高高的天花板、大大的门扇。这是因为他的客户多为身材高大的美国人，他们与日本人有着截然不同的生活方式。由此可见，雷蒙德并非一味地追求日本传统建筑风格，他会通过门扇、尺寸、用色等建筑元素使住宅不流于形式，独具特色。这种建筑理念在保留日本传统建筑风格的同时，又能切合实际地做出相应的改变，这在当时形成一股建筑新风尚，在日本本土不断发展、壮大。雷蒙德的建筑在日本社会大获成功，他也成了日本家喻户晓的建筑师。其实，这些都要归功于他对"度"的良好把控，他恰到好处地将日本传统与现代主义相结合，在不破坏日本本土建筑风格的基础上，打造出新的建筑形态和居住方式。此后，以吉村顺三为代表的多位日本建筑师都继承了他的建筑风格。

前川住宅

初心不改的现代主义建筑理念

东京·目黑
前川国男

前川国男在大学毕业后远赴法国巴黎学习，师从建筑大师勒·柯布西耶。回国后，他成立了自己的建筑事务所，怎奈时运不济，恰逢第二次世界大战爆发前夕，即"建筑黑暗时代"。尽管如此，他并没有向命运低头，不忘初心，始终坚持自己信仰的现代主义建筑理念。不过，他也因此错失了很多工作良机。

前川住宅就是在这样的时代背景下诞生的。这是一座木结构住宅，屋顶为铺设瓦片的悬山双坡顶，一眼看上去就是朴素的日式建筑。作为日本现代主义旗手的前川在室内设计中加入了现代主义建筑元素，实现了现代主义的空间构成。

仔细观察就会发现，住宅的五边形立面几乎是中央开口处面积的两倍。这一设计主要是为了更科学、合理地利用空间，屋顶的高度既不能过高，也不宜过低，前川通过分析计算得出了这个结果。另外，前川对内部空间的设计也颇费心思，阁楼、开口处等无一不是经过他巧妙构思才建造完成的。选材方面，由于战时物资缺乏，据说通高空间的圆柱是由废旧的电线杆改造而成的。

前川住宅在日本建筑史上具有重要的意义。前川独具慧眼，秉承现代主义建筑理念并将其融入住宅建筑中，可以说这是一座在特殊时期下产生的不可多得的佳作。通过这座住宅建筑，笔者仿佛看到了那个目光如炬、不畏艰难的建筑大师——前川国男的光辉形象。

建筑师的理想家园

前川住宅诞生于日本现代主义黎明时期。由于当时正值战争期间，材料物资缺乏，住宅所用的建材都具有浓郁的时代色彩。

建筑年份：1942年（1996年迁址重建）
结构：木结构
层数：一层（部分阁楼）
总面积：177 m²

住宅前后各设有一根圆柱，皆由废旧的电线杆改造而成，由此可见当时的材料物资是多么匮乏

为了防止被空袭破坏，住宅外观全部涂成了黑色

住宅建造时正值战争期间，日本政府禁止使用钢铁等材料。为此，窗框及其轨道等全部为木质材料

从道路上空俯视建筑物

176

对现代主义表现手法的执着

住宅的屋顶为悬山双坡顶，上面铺有瓦片，是典型的日式建筑。但是，室内的空间结构却与屋顶风格形成了鲜明的对比，前川采用了现代主义建筑理念（除屋顶花园以外的"现代建筑五原则"，请参见第30页）。

现在该建筑已经迁址到江户东京建筑园内（东京小金井）

为了更科学、合理地利用空间，前川经过大量的分析研究，将住宅立面设计成了五边形的自由立面

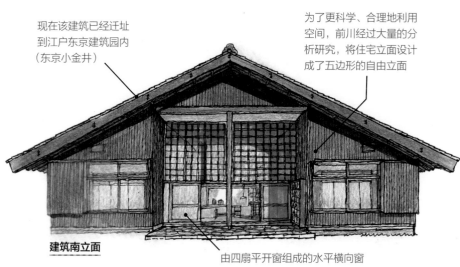

建筑南立面

由四扇平开窗组成的水平横向窗

起居室为开放式空间。打开两侧的窗户后，起居室与屋檐下的空间形成视觉一体的开放式空间，这与柯布西耶提出的"底层架空"的空间概念有异曲同工之妙

这里是阁楼空间。据说，天气晴朗的日子，前川经常在这里午休

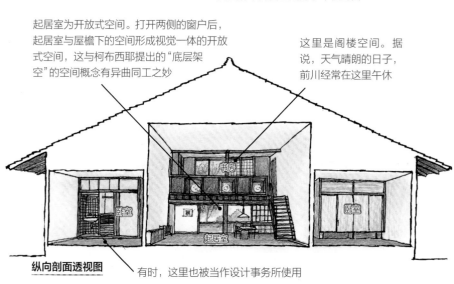

纵向剖面透视图

有时，这里也被当作设计事务所使用

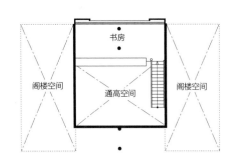

前川住宅与日本传统住宅建筑有所不同，
起居室为自由立面，没有设置走廊或檐廊

各层平面图（下：一层；上：阁楼层）

备忘录

前川国男从日本帝国大学（现在的东京大学）毕业当天便
动身前往神户港，途经中国，搭乘西伯利亚铁路火车，辗
转一周后终于抵达柯布西耶位于法国巴黎的事务所。两人
关系甚好，互称"柯布""库尼"（前者取自柯布西耶名字
中的"柯布"，后者是前川国男名字中"国"的日语发音）。

内涵丰富的立体小住宅 3 号——池边阳 东京新宿

诞生于战后混乱时期的立体『内涵』空间

日本建筑大师池边阳认为："建筑如果脱离历史就会流于形式，陷入主观片面的理解。"这一观点贯穿了他整个建筑生涯。

本节讲述的这座立体式住宅位于日本东京，由池边阳亲自操刀设计建造。建造时正值二战后的动荡时期，日本社会面临各种问题——住房紧张、物资匮乏、居民生活亟待改善，为此，日本政府出台了法律条文，规定住宅面积不得超过 49.6 m²。其实，早在战前召开的现代建筑国际会议（CIAM）[1]中，各国建筑师就已经提出了"建造能够满足居民基本生活的最小规模住宅"这一议题。只不过战后日本从"提议"直接变成了"必须"，日本的建筑师们也为此绞尽了脑汁。

在这样的时代背景下，池边将最小规模住宅以立体结构建造，以此营造出内涵丰富的空间。该住宅设计精巧、布局合理，堪称小规模住宅的典范。住宅内部没有使用万能的榻榻米，每个房间都具有独立的功能，各层还分别设置了收纳空间。另一方面，空间的立体划分使房间在获得独立性的同时，又借起居室的通高空间将所有房间都连接起来，带来开阔的视觉效果。

战后的日本社会一片萧条，在这种情况下还能诞生如此优秀的建筑作品，不禁令人赞叹。

---

[1] CIAM即现代建筑国际会议（Congrès International d'Architecture Moderne），是由各国建筑师组成的国际组织，他们围绕"未来城市的建筑"这一主题展开讨论并召开国际会议。建筑师格罗皮乌斯、密斯·凡·德·罗、勒·柯布西耶曾参加会议。该组织于1928年成立，1959年停止活动，共召开了11次国际会议。

空间的合理利用

该住宅布局紧凑、合理，每个房间都具备良好
的功能性，有效地保证了家庭成员的私人空间。

建筑年份：1950年
结构：木结构
层数：两层
总面积：47 m²

贯穿两层的一体式收纳整理架，
既节省空间，又实现了分层收纳

内壁很薄，
只有60 mm

池边将主卧的面积压
缩到最小，他结合床
铺的大小设计了房间
宽度，并将桌子和收
纳空间也巧妙地纳入
房间中

隔板可变动，可拆卸

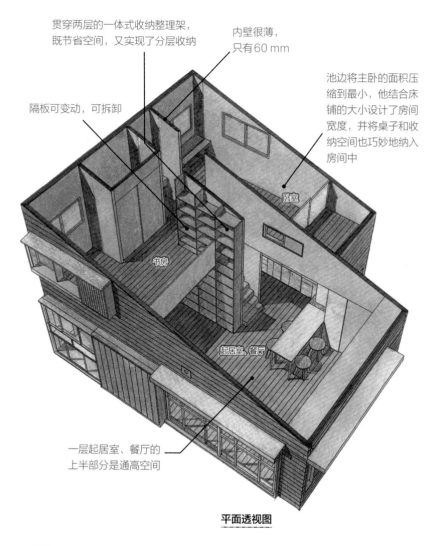

卧室

书房

起居室、餐厅

一层起居室、餐厅的
上半部分是通高空间

平面透视图

180

功能各异的空间

在那个时代，多用途的榻榻米房间是主流，然而池边另辟蹊径，给每个房间都赋予了独立的功能。

为了保证天花板的高度，横梁被收进女儿墙（屋面与外墙衔接处理的一种方式，又名"压檐墙"）里，同时二层的地板龙骨也被吊起

二层女儿墙

横梁

二层地板龙骨

构造详图

住宅二层的地板兼做一层的天花板

为了最大限度地利用空间，横梁是露在外面的

落水管收纳在里面

装在屋顶内的暗水管

书房

厨房

儿童房

起居室、餐厅

直通卧室的门

一般来说，家庭厨房都设置在不显眼的位置，但是池边将厨房设在了明处，一是为了方便主妇做家务，二是为了减轻女性的劳动负担，促使她们参与到社会活动中去

没有设置壁龛，收纳箱兼作装饰用，同时高度适中，刚好可以坐下

悬臂结构的伸出部分为37.5 cm

纵向剖面透视图

平面设计紧凑、合理，设计者充分考虑了家务动线（做家务时行走的路线）

储物间、工作间

厨房

儿童房

起居室、餐厅

利用窗帘隔开

卧室

书房

通高空间

各层平面图（左：一层；右：二层）

备忘录

池边阳的建筑生涯围绕"设计紧凑、合理的住宅建筑"这一主题，相继设计建造了诸多经典住宅建筑。此外，他还希望通过住宅设计减轻女性的家务负担。其中，由于厨房用水区与人体尺寸密切相关，很容易实现尺寸的合理化，因此池边阳对厨房的工业化十分感兴趣。

从南面上空俯视建筑物

池边阳
Kiyoshi Ikebe（1920—1979）

可以改正人性缺点的住宅建筑

　　关于住宅设计，一般来说，设计师会根据委托人的要求、预算提供给对方满意的建造方案，但是这里为大家介绍的这位设计师——池边阳就不按常理出牌，无论是建筑理念还是建造流程都不走寻常路。他认为居住者应该调整自己来适应住宅，而不是让住宅去迎合居住者。

　　例如，面对吐槽厨房面积狭小的住户，池边的回答是："大餐做不了，小菜总没问题，做些适合小厨房的饭菜就好。"对于不满房屋漏雨的客户，池边说："你是可以修好它的，修好就行。"这样的例子还有很多。事实上，池边长期致力于研究人们的生活方式，并将其研究成果反映到住宅和生活方式的设计中。他认为住户住不惯是因为他们没有积极适应住宅。聊到这里，笔者不禁好奇住户们的反应。真是不问不知道，一问吓一跳。那位不满房屋漏雨的住户，在修复时竟然最大限度地保留了池边的设计，只是稍加修改，增加了避雨设施，这位住户说是不想破坏池边的设计美感。这个回答真是令人吃惊。

　　也就是说，池边的设计虽然存在瑕疵，但是住户认为住宅的魅力足以让人忽略这些瑕疵。另一方面，设计师池边之所以如此自信，源于他长期以来对人们生活方式的研究积累，他能够做到不受任何人的影响，专注自己的设计，营造出一座又一座别具一格的住宅建筑。或许这就是大家如此喜爱他设计的建筑的奥秘吧。

丹下住宅

东京世田谷

丹下健三

柯布西耶风格？干阑式结构？——走进日本建筑巨匠的家

丹下住宅由其本人设计建造，为干阑式结构建筑。住宅整体像被托举起来一样，呈悬空状。一层只设置了支撑柱、墙壁、楼梯，所有的生活空间都被安排在二层。

据说有人对这种建筑形态表示不解，对此，丹下给出了不同的回答：为了防潮、防盗，等等。或许，在这诸多答案中，"想建造架空式建筑"才是他的初衷。

所谓架空式建筑，是指在建筑物二层以上设置房间，一层只留下部分（或者全部）必要结构，其余都设置为外部空间的建筑形式。它由建筑大师勒·柯布西耶提出，是"现代建筑五项原则"（请参见第30页）中的一项，主张将建筑物的底层向行人和车辆开放。换言之，就是将底层空间作为开放的社交空间来使用。

丹下尝试通过这种建筑形式，实现私人空间和社交空间的结合。值得庆贺的是，他最终得偿所愿，开放的庭院成了附近孩子们的乐园，被托举起来的上层住宅也很好地保证了居住者的私密性，堪称完美。

架空立柱结构的
干阑式住宅

架空立柱结构与日本弥生时代的
传统干阑式住宅极为相似。

建筑年份：1953年
结构：木结构
层数：两层
占地面积：1200 m²
建筑面积：142 m²
总面积：140 m²

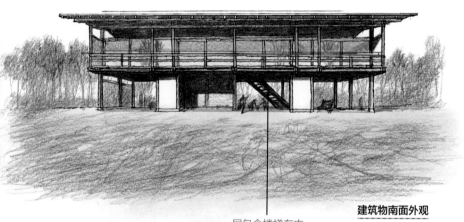

建筑物南面外观

一层包含楼梯在内，
基本上都是外部空间

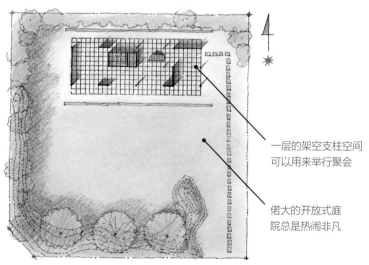

一层的架空支柱空间
可以用来举行聚会

偌大的开放式庭
院总是热闹非凡

一层平面图

住宅二层是榻榻米房间

丹下不希望用椅子等家具限定房间的用途，于是他在室内铺设了万能的榻榻米。各个房间之间则用隔扇分隔开来。

隔扇上方设有格窗，能看到相邻房间的天花板

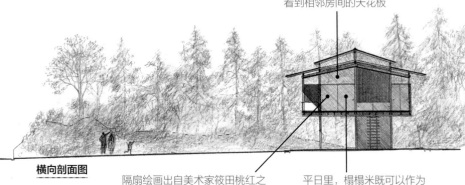

横向剖面图

隔扇绘画出自美术家筱田桃红之手，照明设计则由野口勇亲自操刀，他们与丹下私交甚好

平日里，榻榻米既可以作为席子铺在地上使用，又可以当作地板，将椅子放在它上面，可谓"居家神器"

住宅的平面呈长方形，在中心位置设有一处核心区域，包含楼梯和用水区等

核心区域以外的房间，丹下虽然也赋予了它们起居室、书房、卧室等名称，但实际上并没有限定它们的用途

卧室　壁橱　厨房　玄关　壁橱　书房
起居室　餐厅　起居室　起居室
防雨板外的窄廊

二层平面图

备忘录

丹下的学生矶崎新等人曾在这座住宅的一层架空区域举行婚礼。

丹下健三
Kenzo Tange（1913—2005）

日本建筑巨匠的制胜法宝

　　丹下健三是日本著名建筑师，也是一位擅长打"人情牌"的高手。这一点我们可以从他的参赛作品中窥见一斑，他的作品中除了必不可少的顶尖技术和炫酷造型，还悄然加入了打动人心的设计，"堂而皇之"地俘获大会评委的心。

　　例如，著名的东京圣玛利亚大教堂设计案，丹下因其设计的十字架造型（从空中俯视建筑物呈十字架造型）而获得了有世界天主教中心之称的梵蒂冈的支持，从而在竞赛中获胜。丹下善于洞察人心，在那次比赛中采用了"攻心"战术。因为宗教信仰的关系，他笃定评委不会背叛这俯瞰世间的"神之眼"。

　　丹下在日本建筑史上留下了许多丰碑名作，推动战后日本建筑业不断向前发展。他不仅是一位建筑大师，更是一位读心专家。他的作品除了应用顶尖技术，反映现代主义思想之外，还具备打动人心的力量。它能准确"读"出审阅竞赛图纸的评委们的心声，润物细无声般地加入打动对方的"故事情节"，并一举获胜。

SH-1

广濑镰二

神奈川·镰仓

日本首座轻型钢结构住宅

建筑大师广濑曾推出了SH系列，即钢结构系列住宅。本节为各位带来该系列的一号作品，同时也是日本国内首座钢结构住宅。在当时，因钢结构造价高昂、技术难度大等问题，很多建筑师都对其望而却步，对于广濑来说也是一次全新的挑战。为此，他不得不将设计依托于想象，在摸索中前进。

说起钢结构的住宅，1950 年建成的范斯沃斯住宅（请参见第65页）颇具名气，不过它采用的是200 mm × 200 mm的H型钢，而SH-1则选择了65 mm × 65 mm的细角钢[1]。广濑用心探索这种新型材料的使用潜能，不仅将它用于骨架结构，还将其广泛地应用于玻璃落地窗的窗框、部分墙体等。该住宅整体设计得简约大方，是一个一居室的大空间，除了用水区外，其余空间都只用家具来间隔区分。

这是一座设计者为自己设计建造的住宅，正因为如此，他才能随心所欲、大刀阔斧地进行设计，并收获成功。此后，钢结构住宅逐渐登上了日本建筑界的舞台，广濑也开启了SH系列住宅的新篇章。

[1] 细角钢又称"山形钢"，是横截面呈L形的长条钢材。

利用轻型钢结构建造理想住宅

SH系列是一个全新的尝试，设计者为了更合理、快捷地建成住宅，对建筑材料、零部件进行了标准化制作和组装。

建筑年份：1953年
结构：轻型钢结构
层数：一层
占地面积：189.26 m²
总面积：46.93 m²

平面透视图

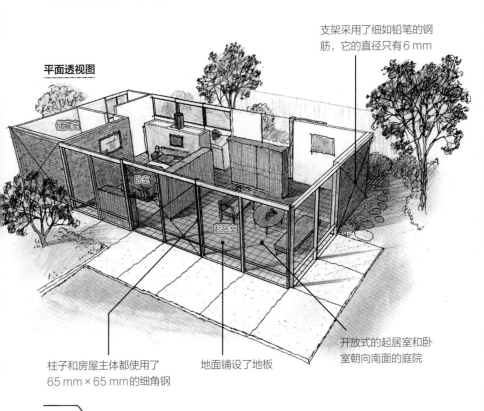

支架采用了细如铅笔的钢筋，它的直径只有6 mm

储藏室

卧室

起居室

柱子和房屋主体都使用了65 mm×65 mm的细角钢

地面铺设了地板

开放式的起居室和卧室朝向南面的庭院

备忘录

广濑镰二除了是一位知名的建筑师，还是一位教育工作者，他曾任教于自己的母校——日本武藏野工业大学（现在的东京都市大学）。

朴素的建筑外观，肉眼可见的建筑材料

SH-1是广濑为自己设计建造的住宅建筑，规模适中，材料易于处理。然而，对轻型钢结构驾轻就熟的他，晚年时期却转而研究起了木结构设计。

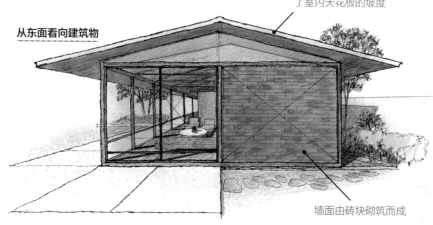

屋顶采用波形薄石板瓦，其坡度直接体现了室内天花板的坡度

从东面看向建筑物

墙面由砖块砌筑而成

储藏室

厨房

卧室

壁炉

起居室

或许是为了避免刺眼的夕照，设计者将储藏室和浴室等设置在住宅的西面，并用墙壁将它们围了起来

平面图

广濑镰二
Kenji Hirose（1922—2012）

漏雨说明是好建筑

建筑师广濑镰二利用钢材高强度、细框架的特性，设计建造了许多精美的住宅。它们既不像混凝土结构那般厚重，也不像木结构那样复杂，轻盈的钢结构建筑一经面世便获得了高度评价。然而，新的尝试往往与课题、风险并存。

"我想让房檐看起来更薄一些。""我想让墙面更薄一些，而且要保持它原有的功能。"一直以来，满腔热血的建筑师们为了创造出新颖美观的建筑不惧风险、勇于尝试，他们为了开创建筑的新时代而前仆后继，是真正的建筑大师，这种挑战精神值得称赞。广濑镰二就是其中一位，为了简化钢结构房梁（横梁）间的屋顶结构，他反复尝试，并最终将设计数值设定为临近极限的状态。

不过，这个决定给广濑带来了不少麻烦。每逢下雨天，第二天一早广濑事务所的电话就会响个不停——都是住户打来投诉漏雨的电话。事务所的职员一到这个时候就忙得应接不暇，叫苦不迭。虽然广濑的挑战失败了，并产生了这样的负面结果，但这也为新技术、新材料的引入创造了契机。大家可以把它当作一段逸闻趣事来听，它也向我们揭示了这位建筑巨匠职业生涯中的曲折经历。最后，笔者想用一句话来表达一下自己的观点，可能有些粗糙，请见谅，那就是："漏雨说明是好建筑。"

『我的家』——清家清

东京大田

卫生间也是开放式的经典—居室住宅

这座住宅的诞生与它所处的年代有着密不可分的关系。当时正值日本战败后第九年，社会经济还处于恢复阶段，建筑材料短缺匮乏，百姓住宅狭小局促。建筑师清家清尝试通过一居室住宅解决这一难题，于是，"我的家"应运而生。

该住宅由地上一层和地下一层组成，面积分别为 $50\ m^2$（$10\ m \times 5\ m$）和 $20\ m^2$，合计 $70\ m^2$，供清家夫妇和他们的四个子女生活起居使用。清家为了缓解住宅面积的紧张，将其打造成了通透的一居室。

说它通透，是因为包括卧室、厨房、卫生间在内的功能空间都不设房门，它们是相互联通的状态。尽管如此，有时还是会出现空间不足的情形，这时庭院就发挥了重要作用。庭院与住宅南面的大开口邻接，它作为起居室的延伸空间，与起居室一样都是石板地面。此外，在一居室内还设有榻榻米，它可以模糊室内、室外的界限，提供不同的居住体验。

"我的家"背对道路，很好地保护了家人的生活隐私，但与此相对的是，在住宅内部，家人之间是没有隐私的。清家清认为，日本从还未传入"隐私"概念的远古时代开始，祖祖辈辈就是这样生活的，这是一种传统、朴素的生活方式。

家人之间不必隔断

这是一个通透的一居室，设计者为了能更充分地利用空间，甚至连卫生间都没有装门。

建筑年份：1954年
结构：钢筋混凝土结构
层数：地上一层、地下一层
占地面积：182 m²
建筑面积：50 m²
总面积：70 m²

活动榻榻米为边长1500 mm的四方形，带有橡胶小脚轮，居住者可以轻松地将它挪至室内、室外的任何地方

住宅东、西面的墙壁为结构墙，其上方的桁架（由角钢和钢筋构成）能够支撑屋顶钢材

住宅的北面墙壁是一整面嵌入式书架，上面排满了各式各样的书籍

高度为2900 mm的平顶

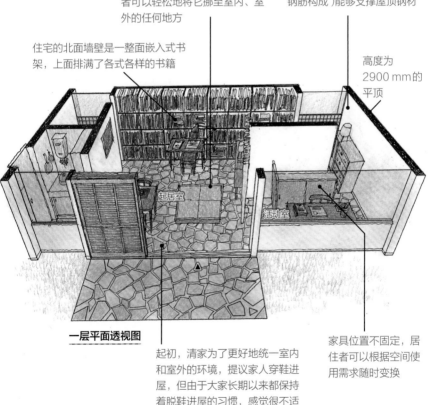

起居室

活动室

一层平面透视图

起初，清家为了更好地统一室内和室外的环境，提议家人穿鞋进屋，但由于大家长期以来都保持着脱鞋进屋的习惯，感觉很不适应，于是他便放弃了这个想法

家具位置不固定，居住者可以根据空间使用需求随时变换

简约朴素的一居室住宅

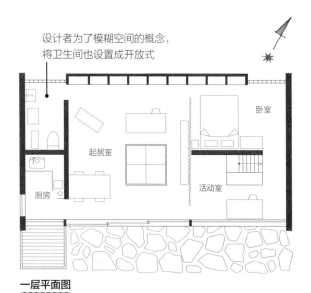

设计者为了模糊空间的概念，将卫生间也设置成开放式

卧室

起居室

厨房

活动室

一层平面图

备忘录

清家清曾常年任教于东京工业大学，传授建筑方面的专业知识。他的儿子清家笃是一名经济学家，后来任职庆应义塾第18代塾长。

探索无止境，实验不停歇

"我的家"建在清家清父母家的后院，后来，他父母的家被拆除，他便在原址相继建造了"我的家续篇"（1970年）和"第二宅"（1989年）等。

原来的木结构住宅是清家父母的家

这是"我的家"。1978年，清家为解决收纳空间不足（书房等）的问题，在屋顶设置了一个旧集装箱

面向道路一侧的东面墙壁没有设置开口，住宅整体也高于道路平面，这样可以有效防止外部窥视，充分保护家人的生活隐私

"我的家"与清家清父母的家布局图（20世纪60年代）

> "我的家" / 清家清

清家清
Kiyoshi Seike（1918—2005）

半个多世纪的回眸，重温时代经典

　　清家清设计建造的小规模住宅系列具有鲜明的特色，如大胆的一居室设计、开放式的空间构成、符合日本人进屋脱鞋习惯的布局设置等，这些给当时的建筑界带来了巨大的冲击。

　　事实上，日本的传统住宅建筑就是一居室结构，并通过推拉门或隔扇区分出各个功能空间，再结合居住者的日常生活需要，适时变更间隔方式，以保持良好的生活氛围。清家清认为，住宅最重要的就是"一居室结构和可塑性特征"，他为此不断实践，设计建造了不设独立房间的一居室住宅建筑。

　　眼下，拥有独立房间的"nLDK"住宅形式因其将房间数量具体化的表现，成为房产公司争相宣传的卖点，也是当今日本住房市场的主流。话虽如此，但随着家庭结构和工作方式多样化的发展，"nLDK"的住宅形式已经很难满足现代人的居住需求了，人们逐渐意识到清家清提倡的一居室结构才是更适宜的居住形式。因为它可以根据每个人当下的生活状态对空间进行调整、改进，以满足不断变化的居住需求。

　　清家清的建筑理念具体来说，就是通过开放式的门窗和不设台阶的构造等方式模糊室内和室外的界限，将生活空间延伸到室外。比如第192页介绍的"我的家"，清家清的家和他父母的家之间设有庭院，这一布局满足了祖孙三代人的生活需求。其中，将生活空间延伸至室外庭院的创意丰富了家人交流的场景，营造出温馨的家庭氛围。这种建筑理念与"一居室连通庭院"的想法有异曲同工之妙。

天空住宅

能『新陈代谢』的天空住宅

菊竹清训 东京文京

这座住宅建在一片坡地上，远远望去，就像悬浮在半空中，因而得名"天空住宅"。住宅整体呈正方形设计，搭配扭壳[1]屋顶，简洁又大方。四根立柱起到支撑的作用，它们将住宅整体高高托起，使其屹然耸立，视野开阔。被回廊环绕的居住空间没有设置支柱和横梁，居住者即使身处室内也不会因立柱而影响视线。这一设计方案充分表达了菊竹的建筑理念，即"生活空间是核心，应当拥有足够的面积；服务空间是辅助，应该设置在生活空间的周围"。

此外，菊竹还提出了一个名为"移动网格"（又称为"可移动单元"）的设计方案。他认为，与住宅本身相比，内部的设施更容易损坏，因此需要及时更换。这是一个划时代的想法，现代社会的系统浴室、配套厨房就源于它。我们可以把移动网格理解成一个可移动的装置，它能够根据家庭成员的需求及年龄的变化，自由地变换房间的配置。例如，当家庭需要儿童房时，菊竹便将可拆卸的移动网格插接在居住空间的楼板下，以此解决空间紧张的问题。

天空住宅令人震撼，笔者至今尚未见到有一座住宅能够像它一样，将建筑师新颖且具有冲击力的构思如此直观地反映到建筑物中。

---

[1] 扭壳指双曲抛物面壳（Hyperbolic Paraboloid Shell），为利用薄曲面作外壳的结构。

登高望远，饱览八方景观

天空住宅建成之初，视野开阔，360° 的观景台为居住者提供了良好的视觉享受。

建筑年份：1958年
结构：钢筋混凝土结构
层数：两层
总面积：174.8 m²

站在二楼，拉开立柱背后的格子窗，可将自然景观尽收眼底

支撑楼板和屋顶的四根立柱

从南面仰视建筑物

后来由于城市规划的变化，住宅周边起了许多高楼大厦，菊竹便将居住空间挪到了下方区域

菊竹为了满足孩子的成长需求，将儿童房插接在了二层的楼板之下

充分反映建筑师思想的住宅建筑

菊竹非常重视家人的生活空间，于是将它设置在住宅的中心区域，将辅助房间和设施都设置在中心区域的周围。

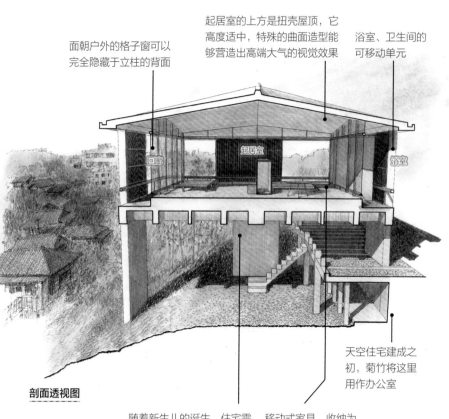

面朝户外的格子窗可以完全隐藏于立柱的背面

起居室的上方是扭壳屋顶，它高度适中，特殊的曲面造型能够营造出高端大气的视觉效果

浴室、卫生间的可移动单元

回廊

起居室

浴室

剖面透视图

随着新生儿的诞生，住宅需要有一间儿童房，菊竹将其插接在二层的楼板下，孩子长大搬离后可随时移除

移动式家具、收纳为空间的灵活使用提供了可能，为主人接待客人提供了便利

天空住宅建成之初，菊竹将这里用作办公室

明快的区域划分为设施保养提供了便利

核心型住宅（指将设施集中设置在中心区域的住宅）虽然可以节省施工费用，但是不利于设施的保养。建筑师菊竹为了解决这一问题，将设施设置在了外侧区域。

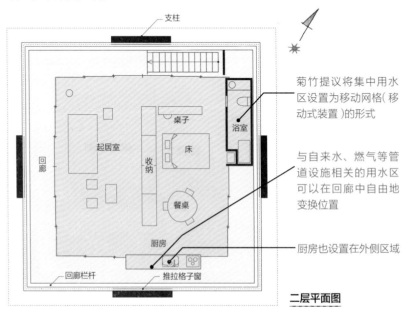

支柱

菊竹提议将集中用水区设置为移动网格（移动式装置）的形式

与自来水、燃气等管道设施相关的用水区可以在回廊中自由地变换位置

厨房也设置在外侧区域

起居室

桌子

床

收纳

浴室

回廊

餐桌

厨房

回廊栏杆

推拉格子窗

二层平面图

备忘录

随着时间的推移，菊竹家迎来了新的生命，住宅周围的环境也发生了巨大的变化。为了适应这些变化，菊竹清训不断地对住宅做出调整。例如，他曾在一层架空区域设置过阳光浴室、家庭客厅，也曾增设过中间楼层，变化之大令人眼花缭乱。菊竹清训是新陈代谢派的主要成员之一，他主张建筑要适应社会的变化，进行新陈代谢的循环。新陈代谢派是在丹下健三的影响下，以菊竹清训等人为核心，于1960年前后形成的建筑创作组织，主张用新技术解决问题，强调事物的生长、变化与衰亡。

菊竹清训
Kiyonori Kikutake（1928—2011）

关爱年轻人成长的建筑师

菊竹清训是日本著名建筑师，他于1958年设计建造了东京天空住宅（请参见第197页），并凭此建筑作品昂首进军建筑界。当时，日本社会正值经济高速发展期，且即将迎来盛大的奥林匹克大会。同一时期的建筑师还有丹下健三，他发表了"东京计划"，用画笔勾勒出东京未来的景象。不久后，菊竹清训也提出了"海上城市计划"，提议在东京湾建造城市。

笔者当时正在为大学毕业的设计主题而烦恼，指导老师对我说："毕业设计一生只有一次，自由发挥就好。"于是，我决定仿效丹下、菊竹，在东京湾建造集体住宅。现在回想起来，那时真是年轻气盛。幸运的是，学校对我的设计作品很是赞赏，我还因此获得了学生会和建筑协会的奖项。当时的评委正是菊竹先生，可能在他看来，我的毕业设计只是小儿科的水平，不过，即使时隔半个多世纪，我仍然清楚地记得当时他对我的评语。

菊竹先生说道："我从这个设计案中感受到了年轻人对未来城市设计的梦想和热忱。"回想当初，那个方案过于理想，甚至有些梦幻。但是菊竹先生并没有全盘否定它，而是从梦想和前景方面给予了高度评价。换作现在，估计设计主题本身就不会通过，一句"脱离现实"就把我打发走了。

感谢那个年代，感谢关爱年轻人的老师和建筑大家们，他们的积极评价使青年一代满怀梦想，并大踏步地向前迈进。

11

白色住宅——

东京杉并
筱原一男

抽象化的古民宅

住宅为 10 m 见方的正方形建筑，设置有攒尖式屋顶（指无论从东、西、南、北哪个方向看都呈三角形的屋顶样式），这种结构体现了日本传统农舍的建筑风格，使人体会到原始的"家"的味道。它便是建筑师筱原一男亲自打造的白色住宅。

当我们走进白色住宅的玄关，便会发现里面别有洞天。这是一个大型抽象空间，它拥有比水泥地面更平滑的地板、纯白色的墙面以及平坦的屋顶，室内除了一根立柱，我们看不到其他任何建筑骨架，它们都被设计师巧妙地隐藏了起来。综上所述，这是一座有别于日本传统民宅的住宅建筑。

此外，住宅的平面设计也极为简洁大方。正方形的主体按照6：4的比例被分成大小两个部分。较大空间内的起居室及餐厅设有用水专区，较小的空间内则设有两层卧室，二层卧室的天花板是坡顶，其倾斜幅度与住宅斜屋顶的倾斜幅度一致。

一般来说，人们往往更注重住宅的家居感、功能性和舒适性，然而白色住宅的抽象化设计则与此相对。可以说这是建筑师筱原向约定俗成的传统观念抛出的一个问号，他希望通过抽象的空间设计，让人们拥有多样的居住体验，尝试全新的生活方式。

房如其名的简约之家

白色住宅是筱原为一个五口之家（一对夫妇和他们的三个孩子）设计建造的，10 m见方的平面搭配攒尖式屋顶，简约又大方。

建筑年份：1966年
结构：木结构
层数：两层
总面积：141.3 m²

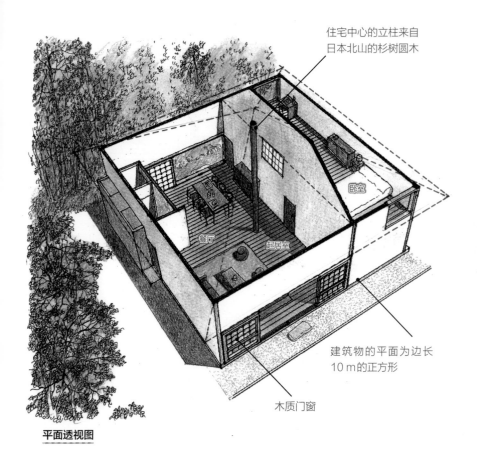

住宅中心的立柱来自日本北山的杉树圆木

卧室

餐厅

起居室

建筑物的平面为边长10 m的正方形

木质门窗

平面透视图

抽象的内部空间

我们很难从住宅古朴的外观联想到与其反差巨大的、抽象
化的内部空间，据说这是设计师有意为之，他就是想要建
造一个外观风格与室内环境完全不同的住宅。

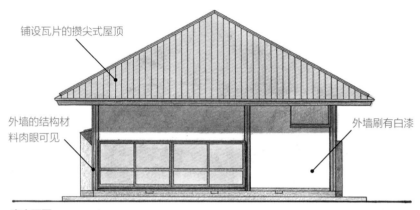

铺设瓦片的攒尖式屋顶

外墙的结构材
料肉眼可见

外墙刷有白漆

南立面图

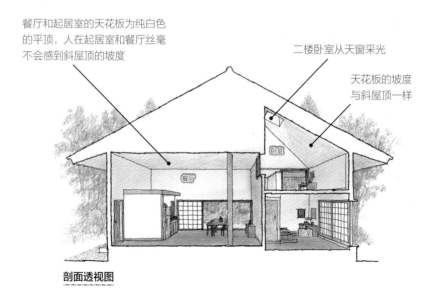

餐厅和起居室的天花板为纯白色
的平顶，人在起居室和餐厅丝毫
不会感到斜屋顶的坡度

二楼卧室从天窗采光

天花板的坡度
与斜屋顶一样

卧室

餐厅

卧室

剖面透视图

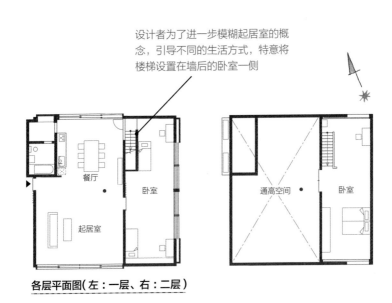

设计者为了进一步模糊起居室的概念，引导不同的生活方式，特意将楼梯设置在墙后的卧室一侧

各层平面图（左：一层、右：二层）

备忘录

白色住宅的建筑用地原本是日本政府规划的城市道路，后来由于计划启动，该住宅已于2008年迁址重建。

白鲸之家

宫胁檀

山梨·山中湖

瞧，那只游向湖边的『白鲸』

这座名为"白鲸之家"的山庄是宫胁檀的成名作，它的最大看点莫过于其独特的建筑结构。

该结构叫作"椽子结构"[1]，它不设檩木，可以营造无柱的空间。虽然椽木为线性材料，但也可以出色地完成三维曲面的屋顶。设计者为了使椽木结构的荷载在没有受力钢筋的前提下，顺利地传递到地面，特意让曲面混凝土墙壁向室内倾斜，以配合椽木的角度。综上所述，这是一座拥有新奇的结构，与以往任何建筑都大相异趣的山庄建筑。

走进室内，我们发现构成曲面的椽子就露在外面，既特别又有动感。如鲸鱼背部般向上隆起的曲线造型，是为了将木质高台包围起来。令人惊奇的是，在这众多的椽子中，无论是角度、长度还是剖面，竟然没有一根是一样的。

这座山庄位于富士五湖之一的山中湖湖畔背面的斜坡上。设计者以土地中央的一棵大树为起点，以通往湖泊的路径为轴线建造房屋。白鲸之家从设计之初到建造完成，共有一千多张画稿，真可谓是匠心之作。

[1] 椽子结构是将屋顶的荷载通过椽木直接传递到墙壁上方的建筑结构。

面朝湖泊的住宅建筑

一般来说，建筑物都是正面朝南的，而这座山庄的设计者为了能够在屋中欣赏到美丽的湖景，将房屋的正面朝向了北方。

建筑年份：1966年
结构：木结构
层数：地上两层、地下一层
占地面积：1694 m²
建筑面积：77.64 m²
总面积：121.06 m²

山中湖在建筑物的轴线上

这棵古朴的大树是白鲸之家的建造起点

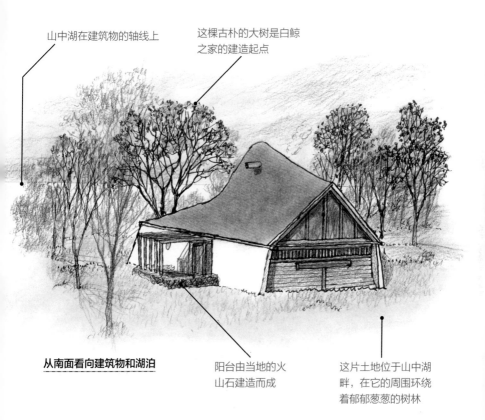

从南面看向建筑物和湖泊

阳台由当地的火山石建造而成

这片土地位于山中湖畔，在它的周围环绕着郁郁葱葱的树林

> 白鲸之家／宫胁檀

鲸鱼造型的山中别墅

宫胁并非一开始就想建造一座鲸鱼造型的建筑物，他在研究了大量的建筑形态和构造后，最终建成了这座山庄。由于它的外观酷似鲸鱼，因而取名"白鲸之家"。

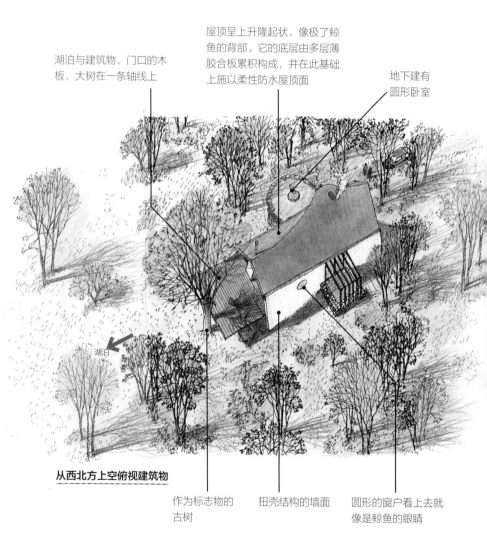

湖泊与建筑物、门口的木板、大树在一条轴线上

屋顶呈上升隆起状，像极了鲸鱼的背部。它的底层由多层薄胶合板累积构成，并在此基础上施以柔性防水屋顶面

地下建有圆形卧室

湖泊

从西北方上空俯视建筑物

作为标志物的古树

扭壳结构的墙面

圆形的窗户看上去就像是鲸鱼的眼睛

208

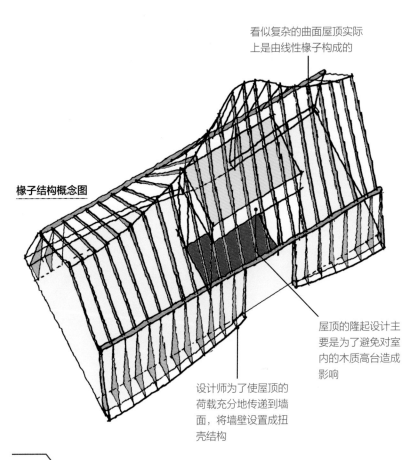

看似复杂的曲面屋顶实际
上是由线性椽子构成的

椽子结构概念图

屋顶的隆起设计主
要是为了避免对室
内的木质高台造成
影响

设计师为了使屋顶的
荷载充分地传递到墙
面，将墙壁设置成扭
壳结构

备忘录

官胁设计白鲸之家时不过20多岁，他的成功离不
开信任他的房主（VAN Jacket的创始人石津谦介）、
给他诸多建议的建筑结构专家（高桥敏雄）以及从
设计之初就一直支持他的木匠师傅（田中文男）。

"大盒套小盒"的建筑结构

这座山庄的地上层是一个庞大的一居室空间，里面
设有独立的木质高台，高台的上半部分为卧室。

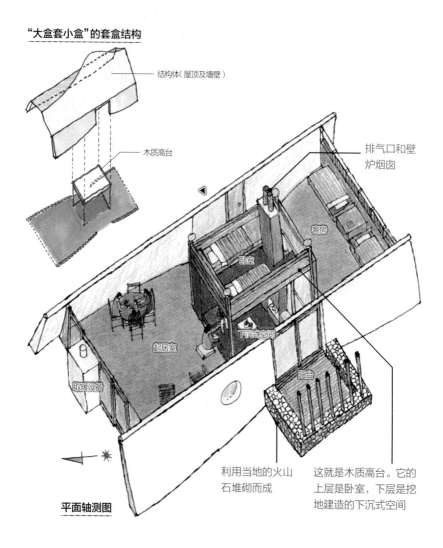

"大盒套小盒"的套盒结构

结构体（屋顶及墙壁）

木质高台

排气口和壁
炉烟囱

客房

卧室

下沉式空间

起居室

取暖设备

阳台

平面轴测图

利用当地的火山
石堆砌而成

这就是木质高台。它的
上层是卧室，下层是挖
地建造的下沉式空间

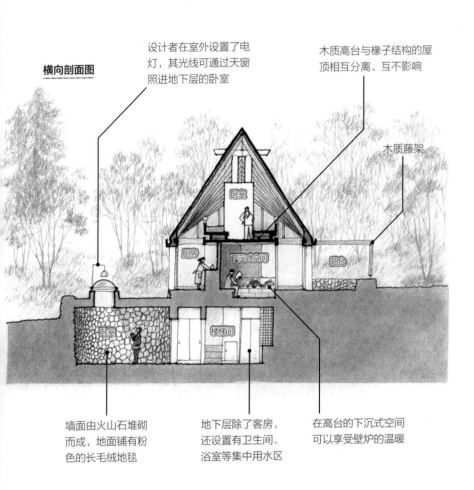

横向剖面图

设计者在室外设置了电灯，其光线可通过天窗照进地下层的卧室

木质高台与椽子结构的屋顶相互分离、互不影响

木质藤架

卧室

厨房

下沉式空间

阳台

卧室

楼梯间

墙面由火山石堆砌而成，地面铺有粉色的长毛绒地毯

地下层除了客房，还设置有卫生间、浴室等集中用水区

在高台的下沉式空间可以享受壁炉的温暖

舒心惬意的小空间

在由椽子结构营造的大空间内，一座小型木质高
台为居住者提供了静谧的空间。高台的上半部分
是卧室，下半部分是挖地建造的下沉式空间。

从起居室看向高台方向

椽子是露在外面的

椽子虽然是线性材
料，但是可以通过改
变其长度，营造出曲
面屋顶（扭壳结构）

高台的上半部分是卧
室，周围设有扶手，
居住者在这里可以体
验到独特的漂浮感。
与此同时，卧室上空
的天花板起到了很好
的保护作用，使人心
情放松，悠然惬意

暖风出风口

挖地建造的下沉式空
间就像一方绿洲滋养
着人们的心灵。在这
里，可以慵懒地坐在
嵌入式沙发凳上，欣
赏壁炉中红彤彤的火
苗。与此交相辉映的
是红色的长毛绒地
毯，让空间变得更加
温馨

宫胁檀

Mayumi Miyawaki（1936—1998）

建筑界的宣传大使

宫胁檀是日本著名建筑师，他除了出色的建筑设计，还长得一表人才，因此收获了一大票粉丝。20世纪70年代初，人们大多还不了解建筑师这个职业，甚至都不知道有建筑设计这项工作。那段时间，宫胁通过向杂志社投稿以及到各地演讲等方式，向世人介绍住宅、建筑和设计方面的知识。他还担任过某地方电视台的节目主持人，人气颇高。想必大家都猜到了，他的粉丝大多是全职主妇，每逢召开住宅建造演讲会，忠实的粉丝便会蜂拥至现场，将会场的气氛推向高潮。

有些人以为建筑设计的工作不过是画两张简单的房间布局图。对此，宫胁向他们举例说明了建筑设计的专业性和复杂性——建造一座住宅，首先要决定诸多事项，大到建筑的整体外观，小到收纳空间的隔板厚度，随后还要将它们反映到图纸中，很多时候只是这些工作就要花费一年多的时间。有时，一座房子的设计图纸能多达 100 多张，而且这种情况绝非少数。

宫胁的功劳远不止于此，他是将"现代客厅"这一概念引入日本的第一人，他还曾通过绘制精巧的素描图向人们推广住宅内的新型生活方式。宫胁对建筑抱有满腔的热忱，是名副其实的建筑宣传大使，令人敬佩。

浦邸

兵库西宫
吉阪隆正

家是生活的容器，需要设计者与房主共同完成

浦邸是建筑师吉阪隆正为其好友浦太郎[1]设计建造的私人住宅，它充分反映了吉阪的设计理念，是其代表作之一。该住宅被 V 形的混凝土立柱高高举起，仿佛悬于半空中，外墙则由醒目的红色砖瓦砌筑而成，令人难以忘怀。

我们仔细观察平面图便可发现，V 形的混凝土立柱构成了两个正方形结构，它们与墙面呈 45° 倾斜。据说，这是设计师吉阪为实现自由的平面，对住宅结构进行深入研究后得出的结论。不仅如此，他还利用建筑基准尺寸加固立柱，以便更自由地设置开口。

房主浦太郎曾对住宅设计提出过三个希望，分别是底层架空、穿鞋进屋（一般日本人的生活习惯是脱鞋进屋）和公私空间分离。对此，吉阪曾与他多次书信沟通[2]，力求达到感性和理性的完美结合。值得庆贺的是，浦邸大获成功。

家是生活的容器，也是安放身心的空间，为此，房主的意见尤为重要。可以说，浦邸是由设计师和房主共同完成的。

---

[1] 房主浦太郎是一位数学家，他与吉阪在法国相识并结为好友。

[2] 当吉阪被问到沟通哪部分最花时间时，他的回答是"住宅设计与房主睡眠的关系"。吉阪认为，住宅设计应该顺应季节的变化、居住者的个人生活习惯等。

千锤百炼的住宅建筑

建筑年份：1978年
结构：钢筋混凝土结构
层数：两层
总面积：143 m^2

当时，吉阪除了设计浦邸外，还设计着吉阪住宅（位于东京新宿，现已被拆除）。U研究室的大竹十一是他的搭档，两人共同研讨的纸稿就多达100多张，他们对每一张都仔细考量，并最终收获了成功。

浦邸出自吉阪之手，这是他为数不多的亲自画图设计的作品之一。他在最初的设计方案研讨会上，曾向浦太郎提出了6大概念、40种建造模式

吉阪认为至少要花一年时间去了解季节变化对住宅建筑的影响

二层平面透视图

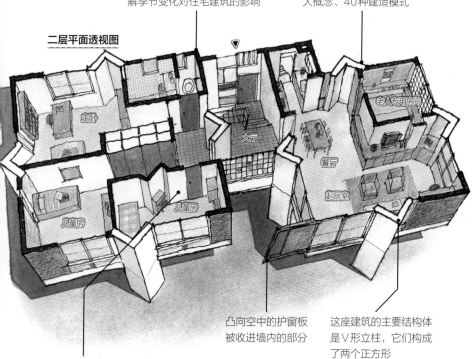

主卧

大厅

老人专用房间

餐厅

儿童房

起居室

儿童房

凸向空中的护窗板被收进墙内的部分

这座建筑的主要结构体是V形立柱，它们构成了两个正方形

室内采用了可移动隔板，以便房主日后变更房间的用途。但浦太郎夫妇将吉阪的设计理念完好地保留了下来，未做任何更改

融于自然的住宅建筑

建筑物虽然为无机质钢筋混凝土结构，但外墙的红色
砖瓦、周边的绿色植被、矮墙的常春藤为住宅增色不
少，使住宅与自然完美结合，构成了一幅美丽的图画。

永不过时的住宅外观

引人注目的红色砖瓦

从道路一侧看向建筑物

住宅为底层架空结构，
楼梯可以直通室内

"家是生活的容器"理念得以实现

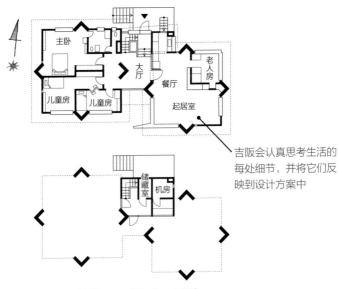

各层平面图（下：一层；上：二层）

吉阪会认真思考生活的每处细节，并将它们反映到设计方案中

备忘录

吉阪曾在柯布西耶的工作室工作过一段时间。此后，他设计建造了许多经典的建筑，为战后的日本建筑史留下了浓墨重彩的一笔。不仅如此，他还曾任教于日本早稻田大学，传授建筑方面的专业知识。他强调："住宅设计，特别是在了解房主情况后的住宅设计，应当立足于时代背景，融合当地的风土人情。"回顾吉阪的职业生涯，我们不难发现，他非常重视与房主的沟通，一直以来都秉持着"与房主共同设计"的理念。

画廊之家

——东京国分寺

林雅子

与艺术做伴的美好生活

拥有艺术气息的经典住宅不在少数，它们大多会通过设置画廊的方式来为屋内增添宁静、高雅的气氛。例如，勒·柯布西耶的拉罗歇·让纳雷住宅、阿尔瓦·阿尔托的卡雷住宅（请参见第80页）等。这里为大家介绍的画廊之家也属于这个系列，它由日本建筑师林雅子设计完成。

众所周知，欣赏绘画作品最重要的就是光线。柯布西耶和阿尔托为了能获取最适宜的光线，均将画廊设置在具有高屋顶的大空间内，并使其与生活空间邻接。除此之外，这类住宅还有一个共同特点，那就是占地面积宽广、规模宏大。然而，林雅子的画廊之家却与它们截然不同，它建在一片狭小的坡地上。

林雅子将画廊设在地下层，将生活空间设在二楼。画廊是利用住宅北面到南面的地面高度差建造而成的，它的南面朝向庭院，是一个开放式空间。它的屋顶不高，但可以获取适宜的光照，这是由于住宅北面的自然光照进一楼大厅后，可以通过中央的通高空间照进画廊。此外，一楼的大厅空无一物，为二楼的生活空间和地下层的美术空间架起了"沟通的桥梁"。

简约大方的钢筋混凝土大屋顶

建筑年份：1983年
结构：钢筋混凝土结构
层数：地上两层、地下一层
占地面积：269 m²
总面积：214 m²

住宅的外观是朴素的原浆面混凝土，入口处则由明亮的玻璃构成，二者形成了鲜明的对比，碰撞出视觉上的火花。

钢筋混凝土结构的大屋顶给人留下深刻的印象

道路一侧的建筑物外观

简易车库和玻璃门入口

玻璃门的里面是一楼玄关大厅，地面铺满了大理石，这里"空无一物"，鞋柜等都被"藏"了起来

备忘录

画廊之家的现居住者将在这里生活的点滴记录成册，出版了《饲养大象》一书（村松伸著，日本晶文社出版）。

> 画廊之家 / 林雅子

219

让阳光洒满每个角落

设计者利用坡地南北两侧的高度差来设计剖面，并在适宜的位置设置开口，使阳光能洒进室内的各个角落。

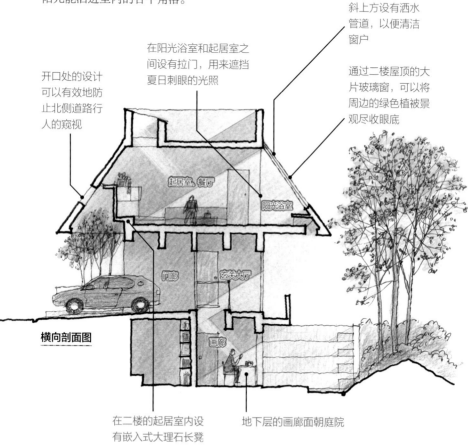

斜上方设有洒水管道，以便清洁窗户

在阳光浴室和起居室之间设有拉门，用来遮挡夏日刺眼的光照

通过二楼屋顶的大片玻璃窗，可以将周边的绿色植被景观尽收眼底

开口处的设计可以有效地防止北侧道路行人的窥视

起居室、餐厅

阳光浴室

门廊

玄关大厅

画廊

横向剖面图

在二楼的起居室内设有嵌入式大理石长凳

地下层的画廊面朝庭院

东西两侧设置有卧室等小房间

二层平面图

浴室面向私密性较强的庭院

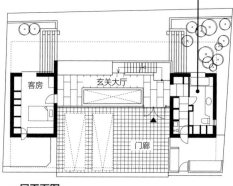

一层平面图

地下层平面图

> 画廊之家 / 林雅子

15

韭菜屋

融于自然的住宅建筑

东京町田

藤森照信

这座住宅由建筑师藤森照信设计建造[1]，因其屋顶种有韭菜而得名"韭菜屋"。平日，绿油油的韭菜随风摆动，别有一番生趣。韭菜屋建在东京郊外的一片住宅区内，它与周围的建筑格格不入，甚至有些奇怪。但实际上，在屋顶种植花草自古有之，它与日本传统的茅草屋面有异曲同工之妙。

笔者曾多次在东日本地区看到芝栋结构（在屋顶上种植花草的茅草屋）的建筑物。它是将土壤铺到屋顶上，以此压实茅草屋顶，并防止漏雨的一种建筑手法。古人的智慧着实令人赞叹，他们在巧妙利用天然材料建造房屋的同时，也为现代社会留下了一笔宝贵的财富。这些融于自然的建筑为人们的心灵注入了原始的生命力，它们是那样纯朴而美好。

另一方面，在由玻璃、钢铁、混凝土等建筑材料构成的现代建筑物中，我们很难发现植物的身影，更看不到将植物和住宅融为一体的景象[2]。这恐怕要归因于现代建筑材料、技术和自然植物之间渐行渐远的关系了。

笔者走在柏油路上，环顾四周，满眼尽是灰暗、厚重的钢筋混凝土建筑，丝毫感受不到大自然蓬勃的生命力。可以说，韭菜屋是藤森对住宅设计的大胆尝试[3]，他使植物扎根于建筑，使建筑扎根于现代社会。

[1] 除了韭菜屋，藤森照信还设计建造了自家蒲公英屋和屋顶种有松树的松树屋等诸多经典作品。
[2] 近年来，虽然屋顶、墙面的绿化技术越来越先进，但藤森认为单纯的摆设并非真正意义上的融于建筑。
[3] 当今社会，即使是木结构建筑也无法完全还原传统的建造技术，只能尽可能地对其加以利用。

融于自然的住宅外观

藤森非常重视住宅与自然（花草等植被）
的协调统一，他希望设计建造一座融于
自然的建筑，而不仅仅是综合考虑环境、
经济等因素之后做出的合理选择。

建筑年份：1997年
结构：木结构
层数：两层
占地面积：482.37 m²
建筑面积：106.60 m²
总面积：172.62 m²

它象征着藤森对芝栋建筑的崇高敬意。
芝栋建筑曾在日本关东地区出现过，
现如今仅有少数留存于日本的东北地区

比起形式，藤森更看重住
宅的整体结构和视觉效果

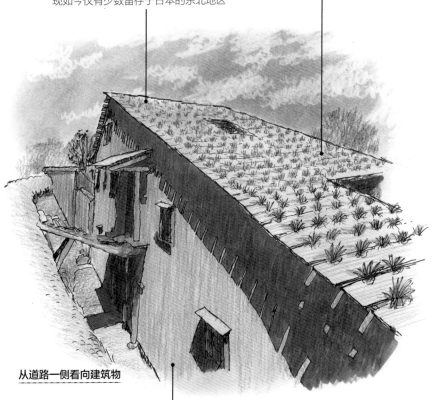

从道路一侧看向建筑物

它貌似一座旧式民宅，给人一种
似曾相识的感觉。明明是新建的
住宅，却飘荡着淡淡的怀旧情怀

> 韭菜屋 / 藤森照信

自由的平面与立面

韭菜屋的平面与立面设计中实现了自由造型，这是藤森和房主意见一致的结果。

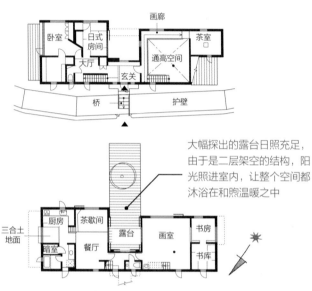

大幅探出的露台日照充足，由于是二层架空的结构，阳光照进室内，让整个空间都沐浴在和煦温暖之中

各层平面图（下：一层；上：二层）

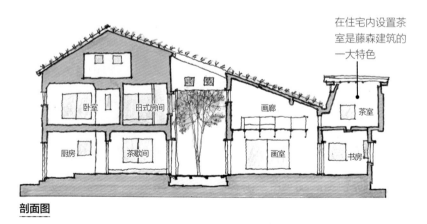

在住宅内设置茶室是藤森建筑的一大特色

剖面图

在屋顶栽培韭菜

在屋顶或者墙面栽培植物实在是件苦差事，
不过倒是可以借此机会感受生活的烟火气。
韭菜屋的主人最终不胜其烦，更换了屋顶。

之所以选择韭菜，是因为它能够抵御灼热的日照和干燥的环境。据说，它以前还是芝栋建筑屋顶上的常客

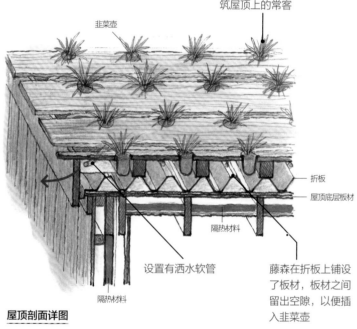

韭菜壶

折板

屋顶底层板材

隔热材料

设置有洒水软管

藤森在折板上铺设了板材，板材之间留出空隙，以便插入韭菜壶

隔热材料

屋顶剖面详图

备忘录

藤森照信是日本著名建筑师、建筑史学家。现在，他还负责许多海外项目，频繁往返于世界各地。他不拘泥于传统的材料、工艺和技术，主张应用新技术、新材料，创造出具有自己风格的建筑。

藤森照信

Terunobu Fujimori（1946—）

他的笑脸拉近了人与建筑的距离

　　藤森的笑脸能给人留下深刻的印象，他总是张大嘴巴，发出"哈哈哈"的爽朗笑声，这与他严谨的学术态度形成了鲜明对比。藤森知识渊博、经验丰富，拥有众多研究成果，撰写的论文和著作更是不胜枚举。就是这样一位建筑大师，笑起来却像个天真的少年。

　　藤森年轻时很健谈、很爱笑、很能吃。据说，他的夫人就是被他开朗豁达的性格吸引，才芳心暗许的。

　　藤森拥有一颗赤诚之心，孜孜不倦地探寻着历史遗迹。他曾在研究室的学术讲座中多次提到过实地调查的重要性，并号召大家将现场的感受心得用小本子记录下来。他总是保持着旺盛的好奇心，对于新的见闻常感到兴奋不已。

　　和藤森先生聊建筑是件很愉快的事情。他既是一位经验丰富的长者，将建筑知识娓娓道来，又像一名纯真率直的少年，对新鲜的事物永葆热情。他率真阳光的性格为他赢得了一众好友，其中有建筑领域的技术研究员、学者，还有文艺作家、艺术家，可谓是交友广泛，人缘极佳。渐渐地，他将建筑方面的知识在潜移默化间传播到各个领域、各个阶层，提高了人们对建筑的认知。藤森的笑脸拉近了人们与建筑的距离，他不愧是位了不起的建筑师。

第4章

扎根当地环境的住宅建筑

正所谓一方水土养育一方人，在我们赖以生存的大千世界里存在着形式多样、各具特色的住宅建筑。这些扎根于当地气候环境、地质地貌的建筑群都具有浓厚的地域特色，城市的街景也因它们而变得靓丽多姿。

01

穴居

—— 突尼斯、中国、西班牙等国家

寄身地下的生活方式

在原始社会时期，人们为了保护自己免受自然的侵害，挖洞建屋，过着地下穴居的生活。即使在21世纪的今天，在世界各地的许多地方依旧保留着这种生活方式。大风、少雨、干旱、日晒、夜寒——对于生活在各种严峻的自然环境中的人们来说，"地下"生活无疑是最舒适的。

泥土是大自然馈赠给人类的一份厚礼，它遍布全球各个角落，既能切削，又能加水揉捏，可塑性强且操作简便。不仅如此，它还是天然的保温材料——酷暑时可以避热，严寒时可以隔寒，即使是在温差极大的干旱地区，它依然能有效地保证人类居住环境的相对舒适性。另一方面，泥土有干燥后凝结成块的物理特性，这使它成为坚固的天然建筑材料。值得一提的是，在沙漠地带和内陆深处，大量的沙子、沙砾在经过岁月的洗礼后会逐渐累积、沉淀，最终形成大面积的土地。

众所周知，住宅建筑的构造及外观会受当地人口增减、社会发展程度、地理环境差异等因素影响而不尽相同，穴居也是如此。例如，为室内通风设置的换气装置，为避免外敌入侵而修建的像迷宫一样的地下通道，它们无一不是先哲的智慧结晶。

防御外敌篇——马特马他穴居

出现时间：12—13世纪
结构：洞穴（泥土）

这座洞穴位于突尼斯共和国马特马他的老街区。马特马他是内陆城市，属于撒哈拉沙漠地区，受沙漠干旱气候的影响，当地昼夜温差大，白天暑热，早晚寒冷。除此之外，柏柏尔原住民还时常遭到阿拉伯人的侵扰。为此，他们为应对严苛的自然条件和抵御外敌的入侵，想出了"地下"民居的点子，即穴居。如今，部分马特马他穴居建筑群被开发成酒店，每年吸引大量游客前来参观游玩。

以洞穴广场为中心，
呈放射状挖建横穴

马特马他的穴居

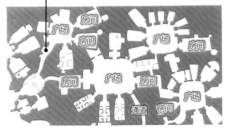

这里如蚁穴般纵横交错，形成了大面积的地下迷宫。不仅如此，智慧的柏柏尔原住民为躲避敌人的耳目，还设置了地下通道

经由地下通道
进入广场

马特马他穴居地下层平面图

穴居建筑群平面图

环境对策篇——中国窑洞

出现时间：公元前
结构：洞穴（泥土）

这里是位于中国内陆的黄土高原，当地传统的
居住方式是窑洞。

窑洞建筑群布局图

地下住宅

随着居民生活的日益丰富和
人口的不断增加，在洞穴外
侧出现了附属建筑

如图所示，初期阶段的穴居只有
横穴一种形态，但伴随着当地居
民人口的增长，出现了一种"竖
穴＋数座横穴"的建造模式

地下

地上

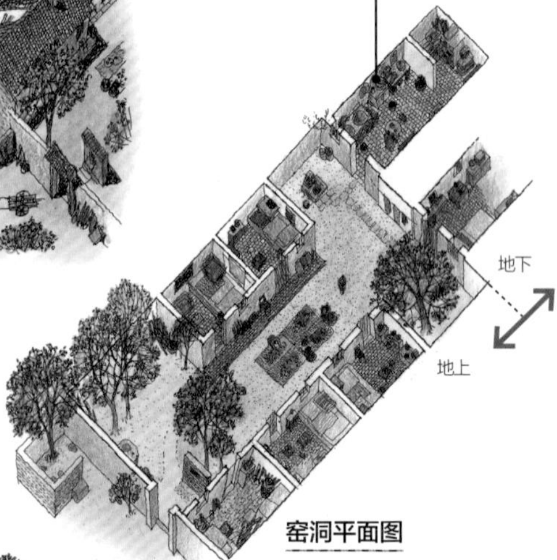

窑洞平面图

当地温差大、风力强，且没有遮挡
物，降雨少。在如此严峻的自然条
件下，泥土发挥了重要作用，有效
地保护了居民的居住环境

窑洞剖面图

230

奎瓦斯——欧洲的地下住宅

出现时间：14—20世纪
结构：洞穴（泥土）

这里是西班牙南部的安达卢西亚地区，当地也存在地下住宅，这种居住形式名为"奎瓦斯"，它是在悬崖上开凿出来的。

露出地面的烟囱是奎瓦斯的标志物

从地面看向奎瓦斯

奎瓦斯是在悬崖上挖掘横穴建造而成的，它无法换气、通风，为此还需要在横穴中挖建竖穴，使新鲜空气流入

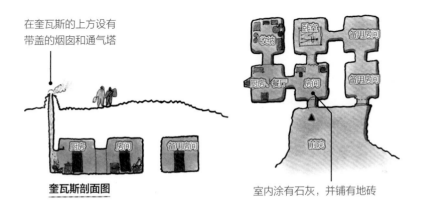

在奎瓦斯的上方设有带盖的烟囱和通气塔

奎瓦斯剖面图

室内涂有石灰，并铺有地砖

奎瓦斯平面图

> 穴居

231

洞窟遗迹 ——

奥妙无穷的地下迷宫

土耳其、意大利、希腊等国家

大自然的鬼斧神工让一些原本平平无奇的岩石在经过岁月的雕琢后，蜕变成美丽的自然景观。例如，在土耳其的卡帕多西亚地区就有这样一个岩石群，它们像一座座戴着石帽的小塔，形状新奇，每年都会吸引大批游客前来参观。其实，这些岩石是经过数千年的风雨侵蚀后逐渐形成的。

智慧的先哲利用卡帕多西亚地区自然形成的岩石群，穷极几代人的努力，终于建成了石窟民居。我们在前面介绍了挖土建造的洞穴民居（请参见第228页），相比之下，挖凿石窟的难度更大，它需要投入更多的时间和劳动力。另一方面，先人们还充分考虑到环境和人文等方面的影响因素，使民居具有适应性和可变性。可以说，这些民居是先人结合自己的生活起居和文化环境等，对岩石群进行改造的成果。这里面凝聚着先哲的智慧和汗水，承载着代代相传的建造经验，是一笔宝贵的遗产。

无独有偶，类似的石窟民居群还出现在意大利的马泰拉市。这里原本只是修道士的落脚地，石窟的外观简约朴素。后来，随着时代的变迁，人们逐渐意识到石窟的好处，居住者便多了起来，民居的形式也更加丰富，还诞生了多层累积式的房屋。这是一种将梯形或箱形结构的房屋逐层累积构成的住宅形式，造型独特、别具一格。

大片的卡帕多西亚石窟住宅群

说起卡帕多西亚石窟住宅群，大家可能会以为它是地上奇观，但实际上它建在地下。随着研究的深入，由多处住宅形成的大型地下城市也逐渐浮出水面。

出现时间：
公元前5900—
公元前3200年
结构：洞窟（石窟）

卡帕多西亚的地下城市

根据调查队的估算，地下城市的数量可能会达到数百座甚至数千座。除了连接外部的洞穴，其余全部为相互联结的横穴。在这些地下市中，有的竟有8层或者16层，它们就像一个巨大的迷宫，令人叹为观止

调查人员根据地下坑的规模推断，这里曾居住过数千人甚至数十万人

卡帕多西亚石窟是大自然创造的奇观，这种特殊的地质地貌是地上的熔岩和火山土长期受到雨水的冲刷和侵蚀后逐渐形成的。它还有一个有趣的名字，叫作"妖精的烟囱"

先哲高超的建造技术使居住者足不出户便可满足所有的生活需求

卡帕多西亚石窟住宅的外观

〉 洞窟遗迹

马泰拉的石窟民居

出现时间：8世纪左右
结构：洞窟（石窟）

位于意大利马泰拉的石窟民居被当地人称为"萨西"。据传，最早是基督教的传教士在石窟中绘制湿壁画，此后便开启了它数千年的光辉历程。

马泰拉石窟民居的外观

16世纪左右，当地人口不断增长，砌石建造的箱型民居应运而生。它们层层叠叠，错落有致，形成了一道亮丽的街景

民居面积的扩大向人们诉说着原住民生活的变迁

虽然挖掘岩壁需要花费数年时间，但一经建成便可以使用几十年甚至几个世纪。马泰拉石窟民居就是典型的例子，当地的居民世世代代都居住在这里

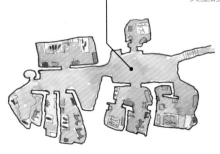

马泰拉石窟民居平面图

马泰拉石窟民居群

腓尼基石洞民居

出现时间：近代前期
结构：洞窟（石洞）

在希腊圣托里尼岛的山谷中，有一个名叫"腓尼基"的石洞民居群。这里原本是生意兴隆的葡萄酒酿酒厂，后来被改造成了民居。

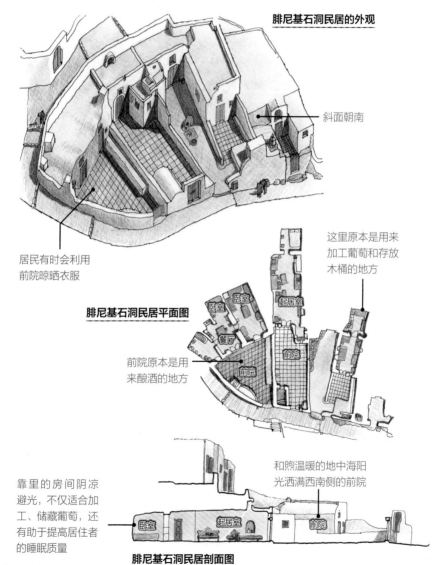

腓尼基石洞民居的外观

斜面朝南

居民有时会利用前院晾晒衣服

这里原本是用来加工葡萄和存放木桶的地方

腓尼基石洞民居平面图

卧室

卧室

起居室

餐厅

前院

前院

前院原本是用来酿酒的地方

靠里的房间阴凉避光，不仅适合加工、储藏葡萄，还有助于提高居住者的睡眠质量

和煦温暖的地中海阳光洒满西南侧的前院

卧室

起居室

前院

腓尼基石洞民居剖面图

> 洞窟遗迹

235

土葺、草葺屋顶的房屋

覆土种草的原生态住宅建筑

冰岛、北欧、北美洲等国家和地区

防寒避暑是房屋的基本功能,特别是在严寒地区,如何做好防寒工作就显得尤为重要。先哲们很早便知道泥土的好处,例如土中的温度稳定,土层具有隔热、保温的作用等。于是千百年来,聪慧的原住民一直延续着用覆土种草的方法来应对严寒,他们在屋顶和墙壁上覆盖泥土,在泥土中栽种矮草。

这里为大家介绍的是分布于冰岛、北欧、北美地区的土葺屋顶房屋。这些地区不仅常年积雪,呼啸的寒风也时常造访。寒风十分"狡猾",再小的缝隙也能钻进去,能对付它们的只有泥土。因为泥土可以将屋顶和墙壁包裹得严严实实,不给寒风任何可乘之机。不仅如此,在覆盖泥土的屋顶上种植矮草还能有效地防止土壤流失,起到防暑降温的作用。

这些原生态住宅与时下流行的屋顶绿化、墙面绿化等环保住宅有异曲同工之妙。时代在变迁,但经典永不过时。

守护人类居所的泥土和青草

出现时间：古代
结构：木材＋泥土＋矮草
层数：一层

生活在严寒地区的原住民为了抵御恶劣的天气，可谓是煞费苦心。他们尝试过各种办法，其中，在屋顶覆土种草的方法最为有效。后来，这种方法被传播到了世界各地，极大程度上提高了人们的生活质量。

在人字形结构建筑的屋顶上搭建板材，并在上面覆盖泥土、栽种青草

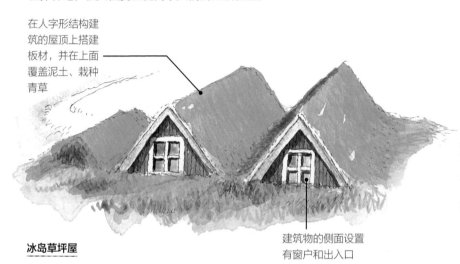

冰岛草坪屋

建筑物的侧面设置有窗户和出入口

出现时间：古代
结构：木材＋泥土＋矮草
层数：一层～两层

在厚木板搭建的屋顶上覆盖泥土、栽种矮草

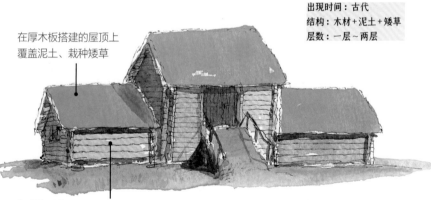

北欧草顶房

这是由圆木堆叠而成的木结构住宅（圆木屋）。木材具有优良的隔温性能，可以有效地抵御严寒，是寒冷地区住宅建造材料的不二之选

> 土茸、草茸屋顶的房屋

237

圆锥形的土顶木屋

美国密苏里州的土著民为了抵御严寒，建造了类似日本竖穴式民居的房屋（请参见第265页），并在屋顶上覆盖泥土、栽种矮草。

出现时间：史前、古代
结构：木材＋泥土＋矮草
层数：一层

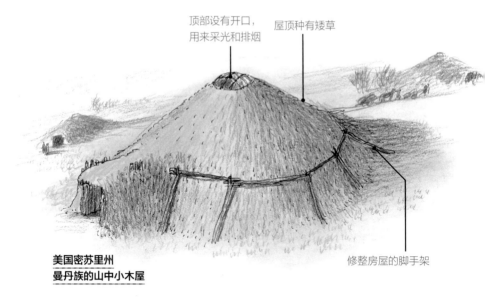

顶部设有开口，用来采光和排烟

屋顶种有矮草

修整房屋的脚手架

**美国密苏里州
曼丹族的山中小木屋**

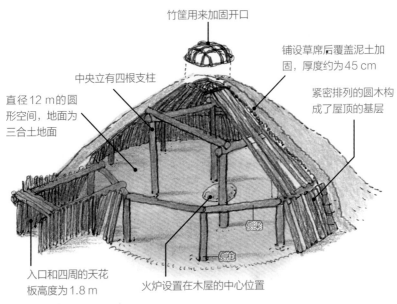

竹筐用来加固开口

铺设草席后覆盖泥土加固，厚度约为45 cm

中央立有四根支柱

紧密排列的圆木构成了屋顶的基层

直径12 m的圆形空间，地面为三合土地面

侧梁

侧柱

入口和四周的天花板高度为1.8 m

火炉设置在木屋的中心位置

山中木屋的内部结构

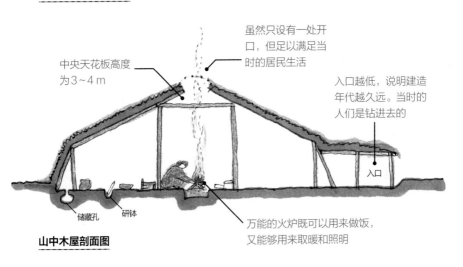

虽然只设有一处开口，但足以满足当时的居民生活

中央天花板高度为3～4 m

入口越低，说明建造年代越久远。当时的人们是钻进去的

入口

储藏孔   研钵

万能的火炉既可以用来做饭，又能够用来取暖和照明

山中木屋剖面图

> 土葺、草葺屋顶的房屋

干阑式住宅

——泰国等国家

底层架空的理由

干阑式住宅[1]多分布于热带及亚热带地区，非常适用于气候炎热、潮湿多雨的地区。

干阑式住宅大致可以分为三类，分别是利用树木搭建的树上住宅[2]、建在河流和海上的水上住宅（请参见第244页）以及建在地上的干阑式住宅。

这里就聊一聊建在地上的干阑式住宅。它常见于东南亚的热带地区，当地高温多雨，底层架空的干阑式结构能够有效地防御由台风等引起的水灾，起到防洪作用。不仅如此，它还能防止虫兽的侵扰。到了夜间，人们将梯子撤掉，以保证人身安全。另一方面，还有一些发展落后甚至连厕所等基本生活设施都不完善的地区也采用干阑式结构，这主要是因为当地卫生条件差，传染病极易传播，人们考虑到卫生、健康等方面的因素，认为它比平地式住宅更具优势。

在泰国的部分地区，我们可以看到干阑式和平地式两种住宅形式并存的现象。据说，越来越多的村民出于卫生和安全的考虑，将平地式住宅改建成了干阑式住宅。

[1] 底层架空的住宅建筑。
[2] 指的是位于巴布亚新几内亚的树屋，这是一种利用高耸挺拔的大树建造而成的房屋，它可以有效地防御敌人的攻击。眼下，没有了与其他部族之间的争端，当地居民也从树屋中解放出来了。

泰国阿卡族的干阑式住宅

出现时间：不明
结构：木结构
层数：一层

该地区的干阑式住宅除了出入口，几乎看不到像样的窗户。当地居民为解决通风问题，在竹墙或木板墙的制作过程中特意留出缝隙，以便使空气流通。至于采光，因为人们只有晚上才回来休息，所以并不受影响。

与日式茅草屋穗尖朝上（正向葺顶）不同，东南亚地区的干阑式住宅是穗尖朝下覆盖屋顶的（即反向葺顶）。后者所需茅草仅为前者的一半，且穗尖朝下不易滑落，因此极大地方便了施工。但另一方面，由于穗尖本身不具有油性且易脱落，因此反向葺顶的使用寿命较短

虽然没有设置窗户，但阳光和空气会通过竹墙或木板墙的间隙进入屋内

底层架空的空间和屋后的空间也得以充分利用

泰国阿卡族干阑式住宅的外观

> 干阑式住宅

按性别划分的房间布局

阿卡族人会在房屋中央以墙壁为界，隔开男女各自的生活空间，这是他们特有的生活方式。在两方空间各设有出入口和地炉，除此之外没有任何差别。

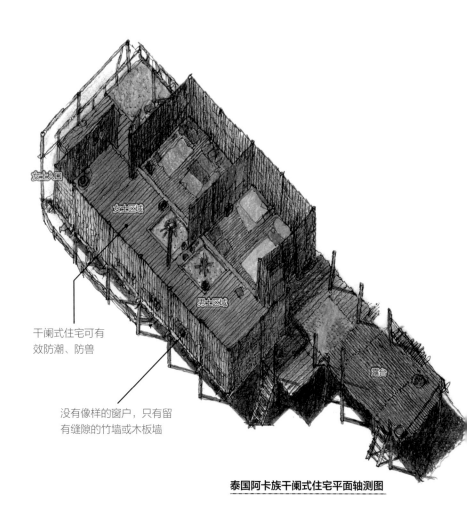

女士入口

女士区域

男士区域

干阑式住宅可有效防潮、防兽

没有像样的窗户，只有留有缝隙的竹墙或木板墙

露台

泰国阿卡族干阑式住宅平面轴测图

长期以来，干阑式住宅的屋顶多采用茅草或者稻草，但近些年来，瓦板和波形板也越来越受欢迎

阳光通过木板墙的缝隙漏进屋内，柔和而美好

房屋的开口只有出入口一处

女士区域

男士区域

女士用梯

男士用梯

泰国阿卡族干阑式住宅剖面图

底层架空区域用来圈养家禽、生产作业等

备忘录

干阑式住宅自古有之，这种建造方式一举多得，既能防潮、防洪，又能保护粮食免受虫兽的侵害。在日本的弥生时代，原住民为了使粮食免受湿气、鼠患的侵扰，便会修建干阑式仓库，其底层架空的空间足够大，能够充分满足人们的基本活动。

> 干阑式住宅

水上民居——

东南亚、西非等地区

积极寻求更优质的居住环境

东南亚地区地处高温多雨的季风区，全年平均气温30 ℃；西非地区则地处热带雨林，到处都有野生动物、爬虫和病原菌。面对如此严峻的自然条件，如何营造安全、舒适的居住环境，便成为当地居民的首要问题。于是，水上干阑式民居应运而生。

该建筑底层被架空，具有良好的透气性，可以有效改善周围的卫生环境。另一方面，相互独立的建筑之间通过没有扶手的狭长通道构成了水上关系网。该通道不仅拉近了邻里间的空间距离，还为他们提供了沟通的桥梁。在通道的前方有学校、消防局、清真寺等，各种生活设施、场所可谓一应俱全。更令人惊叹的是，这些设施全部是由居民共同建造完成的，而非政府行为。

说到"水上民居"，人们大多会以为是社会底层群体不得已的选择，但实际上，在文莱，这是当地居民自主选择的生活方式。他们大方地向记者透露："正因为是在水上，我们才要住呢。"朴实的话语反映了他们的心声。笔者不禁陷入思考，能将水上民居营造得如此舒适、宜居，离不开当地居民乐观、积极的生活态度，它就像蜜糖一样，为苦涩的生活注入了幸福的味道。

马来西亚的水上屋

积极的思想像一盏明灯，照亮人们前行的方向。马来西亚居民不仅建造了水上屋，还创办了水上学校等，使生活变得丰富多彩。

出现时间：每个村落不尽相同
结构：木结构
层数：一层

水上村落中不仅有民居，还有小学和清真寺等。为此，水上屋的居民即使不上岸也能满足所有生活需求

马来西亚水上屋村落的外观

> 水上民居

文莱宜居的水上村

文莱政府和地方组织都大力推行质优价廉的集体住宅，但当地的百姓似乎并不买账。那么，到底是什么原因让他们选择坚守水上生活呢？原因是，水上生活更方便、更舒适。舒适不仅指客观环境，还包含精神层面给人带来的愉悦心情，如邻里间沟通交流的乐趣等。

出现时间：8世纪（众说纷纭）
结构：木结构
层数：一层

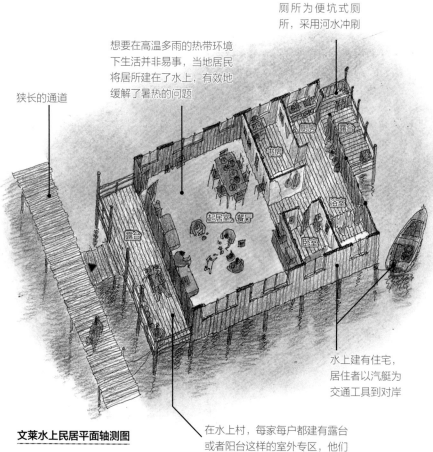

厕所为便坑式厕所，采用河水冲刷

想要在高温多雨的热带环境下生活并非易事，当地居民将居所建在了水上，有效地缓解了暑热的问题

狭长的通道

厨房

露台

书房

浴室

起居室·餐厅

卧室

露台

文莱水上民居平面轴测图

水上建有住宅，居住者以汽艇为交通工具到对岸

在水上村，每家每户都建有露台或者阳台这样的室外专区，他们在这里种花种草，与邻居交流谈心，是和谐生活的重要组成部分

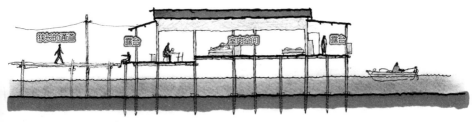

狭长的通道　　　露台　　　　室内空间　　　露台

文莱水上民居剖面图

水上居民依靠这条狭长的通道来往于各
个居所，它相当于陆地上的乡间小路

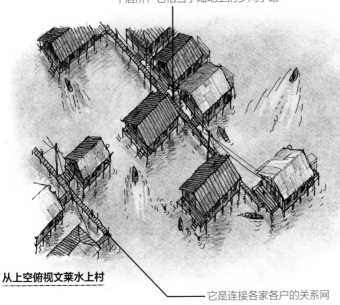

从上空俯视文莱水上村

它是连接各家各户的关系网

备忘录

文莱拥有丰富的自然资源，人们过着悠闲、惬意的生活。水
上村的居民平常上班只需乘船到对岸，完全不必担心"堵车"
的问题。有时，他们也会把私家车停在岸边，选择驾车出行。
这种来去自由、悠然自得的生活状态真是令人羡慕。

06

组装式住宅——

蒙古草原等地区的高性能移动住宅

系统化的高性能移动住宅

在蒙古草原上有一群牧民,他们游走于广阔的草原中,不断寻找新的居所。那里的气候条件十分恶劣,无法种植农作物。因此,他们只能和自家的牛、马、羊等一起不断前行,寻找丰富的牧草以求生存。届时,他们会将居所一同搬迁。一直以来,轻便、易组装、可拆卸的住宅被他们视为珍宝,并传承至今。

这便是组装式住宅,它在蒙古被叫作"格尔",在中国被叫作"蒙古包",在其他中亚地区则被叫作"毡房"。它是直径4~6 m的圆顶帐篷,一般以柳条为原材料,可进行组装,在此基础上覆盖毛毡和动物的毛皮,从而完成屋顶和墙面的制作。据说,组装式住宅和家什衣物加在一起只需两头家畜搬运,组装时只需两名成年男子即可完成。

组装式住宅是一居室结构,中央的火炉既可取暖,又可兼作做饭的炉灶。室内不对大人和小孩、主人和客人等设置单独的区域,这是因为平日约定俗成的习惯早已深入人心。

出现时间：史前
结构：木结构
层数：一层

简单的结构、朴素的生活

蒙古包的优势不仅体现在方便组装、可拆卸、易搬运上，它还具备良好的防寒性能。

细长的顶杆（蒙古语称"奥尼"）在蒙古包里扮演横梁和屋顶的重要角色，是连接天窗和围壁的木棍

在组装式住宅的中心设置有火炉

在顶杆和围壁上直接覆盖毛毡、毛皮等，构成屋顶和外墙

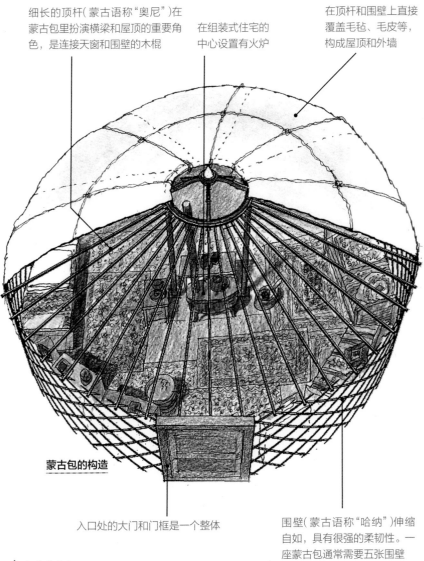

蒙古包的构造

入口处的大门和门框是一个整体

围壁（蒙古语称"哈纳"）伸缩自如，具有很强的柔韧性。一座蒙古包通常需要五张围壁

〉组装式住宅

逐水草而居的牧民

一望无际的草原上散落着星星点点的蒙古包，它们除了要抵御严寒，还必须具备对抗强风的能力。

牧民们过着漂泊不定的生活，他们不断迁移以寻找合适的住处，组装式住宅无疑是他们的最佳选择

蒙古包外观图

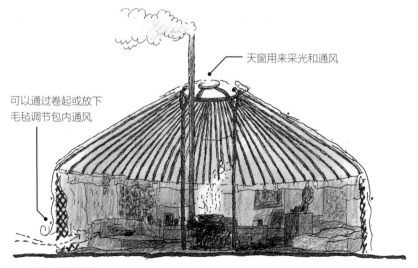

天窗用来采光和通风

可以通过卷起或放下毛毡调节包内通风

蒙古包剖面图

仅需30分钟便可完成的组装式住宅

首先将折叠式围壁围成一个圆，然后在它的中心设置脚炉架并连接顶杆，最后在屋顶和围壁覆盖毛毡，即大功告成。

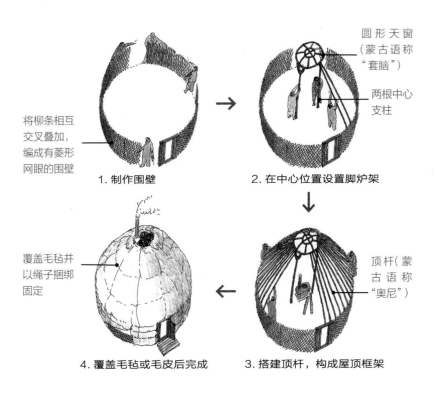

将柳条相互交叉叠加，编成有菱形网眼的围壁

1. 制作围壁

圆形天窗（蒙古语称"套脑"）

两根中心支柱

2. 在中心位置设置脚炉架

覆盖毛毡并以绳子捆绑固定

4. 覆盖毛毡或毛皮后完成

顶杆（蒙古语称"奥尼"）

3. 搭建顶杆，构成屋顶框架

备忘录

智慧的牧民将柔韧的柳条编成有菱形网眼的围壁以抵御强风。不仅如此，他们通过变更毛毡或毛皮的覆盖层数，还可以轻松地调节包内环境。

> 组装式住宅

帐篷式住宅

北非等地区

遮阳、防风的移动式帐篷

对于生活在北非等热带干燥地区的游牧民来说，简易的帐篷就是他们的居所。我们前面介绍过严寒地区的移动式临时居所——蒙古包（请参见第248页），它们拥有系统化的流程、严谨的构造和工艺，与此相对，帐篷式住宅并不具备这些。它只由大张的帷幔、支柱和绳子构成，功能也仅限于遮阳和防风，不过，对于当地的游牧民来说，这已经足够了。当遭遇突如其来的风向变化时，他们只需调整帐篷的方向和支柱的角度便可轻松应对，而这些都要归功于其简易的结构和灵活的适应性。帐篷式住宅易拆卸、易组装，是当地游牧民不可或缺的生活好帮手。

当然，帐篷的应用远不止于此，它还在我们的生活中扮演着重要角色，例如在露营时或在举办户外活动时。另一方面，随着时代的发展，人们的生活方式和家庭构成不断发生变化，住宅的形式也逐渐多元化。

笔者认为，盲目跟风不是明智的选择，我们可以将轻便灵活、可塑性强的帐篷作为一个选项，然后结合自己的实际需求，选择最适合的居住形式。顺便提一句，帐篷式住宅或许还可以作为临时避难所，解决灾民的燃眉之急。

游牧民的简易移动式居所

出现时间：史前
结构：帐篷结构
层数：一层

生活在干燥地区的游牧民会随季节的变化，带上家畜一起移动。他们的"家"易拆卸、易组装，依靠骆驼便可搬运，因此又被称为"可以移动的房屋"。

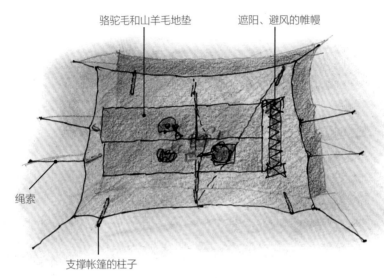

骆驼毛和山羊毛地垫

遮阳、避风的帷幔

绳索

支撑帐篷的柱子

移动帐篷平面图

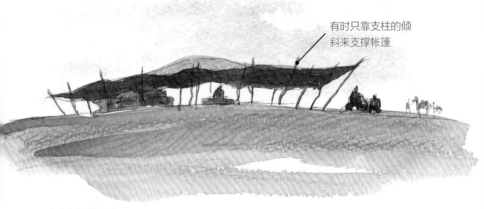

有时只靠支柱的倾斜来支撑帐篷

移动帐篷的外观

❯ 帐篷式住宅

贝都因人的帐篷式住宅

将帐篷向四周延展、铺开后固定

羊毛和骆驼毛的毛毡

防风、遮阳的帷幔

贝都因人移动帐篷的外观

支撑帐篷的柱子

现代"游牧民"的生活方式

房车和船屋作为"移动的房屋",被排除在不动产的范畴之外。如今,越来越多的人崇尚不受社会和地域束缚的、自由的生活方式。

房车

"房屋"本身没有建筑基础,是与土地相分离的

以船为家,过着水上生活

船屋

庭院式民居

丰富多彩的庭院文化

地中海沿岸（包含北非）、中国等国家和地区

一些地区因土地面积狭小、材料资源紧张等问题，苦于住宅的建造，于是庭院式民居应运而生。一方面，它可以有效地改善室内的通风和采光，为居住者提供适宜的生活环境；另一方面，各地的生活文化、自然环境等不同，庭院也是千姿百态。智慧的先哲将其发展成一种文化，并延续至今。

放眼全球，庭院式住宅可谓是各具特色，比如著名的韩国传统民居哈诺克[1]和伊斯兰庭院式民居[2]等。这里为大家介绍位于地中海沿岸和中国的庭院式民居建筑。

1. 地中海地区的庭院（天井）式民居建筑

在地中海沿岸人口密集的城市，人均居住面积十分有限。当地居民将他们的生活美学融入了庭院设计中，为平淡的生活增添了色彩和乐趣。

2. 中国的庭院式民居——四合院

四合院是中国的传统民居建筑，拥有独特的形态外观。"四"是指东、南、西、北四个方位，"合"为"围合"之意。

四合院的格局为一个院子四面建有房屋，院子被合围在中间。这种格局主要源于中国的传统家居理念，希望将南面来的好运气"留"在院子和房间里。

---

[1] 室内采用火炕式地面采暖，居住者平时都是席地而坐。
[2] 伊斯兰住宅建筑拥有严格的等级制度，每个房间都写有名字和头衔（等级）。

地中海地区的美学庭院

出现时间：古代
结构：砖石结构

在西班牙的科尔多瓦，每年都会举行"庭院节"。
每逢此时，娇俏的花朵便会将曲折的古城街道点缀
得缤纷亮丽。长久以来，当地居民对庭院有着深厚
的感情，他们的生活也因此变得丰富多彩。

地中海地区的庭院反映了当地人的审美意识和生活文
化。庭院本身表达了他们热爱生活、积极向上的人生态
度，其外部的延展空间则体现了他们良好的邻里关系

地中海沿岸的庭院式民居之
花园庭院

对于本就狭小的城市住宅来说，想
要留出空间建造庭院并非易事，但
当地居民并没有放弃，大家集思广
益，用美丽的庭院装点了生活。它
就像一方绿洲，可以使人们暂时卸
下生活的重担，享受片刻宁静

一些地区还会举行"庭
院大赛"，竞选最美的
庭院。当地居民不断优
化、改善庭院的布置，
以营造更美丽、更舒适
的居住环境

讲究格局的四合院

中国人建造房屋非常重视传统格局，相关的建筑理念经过了几千年的考验，无论从科学角度还是从中国人对生活寄予的美好希望来看，它们都极具特色。

出现时间：宋辽时期，现存的四合院多建于清代
结构：砖石结构

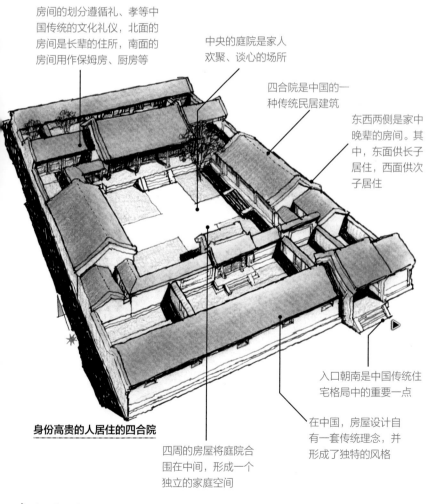

房间的划分遵循礼、孝等中国传统的文化礼仪，北面的房间是长辈的住所，南面的房间用作保姆房、厨房等

中央的庭院是家人欢聚、谈心的场所

四合院是中国的一种传统民居建筑

东西两侧是家中晚辈的房间。其中，东面供长子居住，西面供次子居住

入口朝南是中国传统住宅格局中的重要一点

在中国，房屋设计自有一套传统理念，并形成了独特的风格

四周的房屋将庭院合围在中间，形成一个独立的家庭空间

身份高贵的人居住的四合院

> 庭院式民居

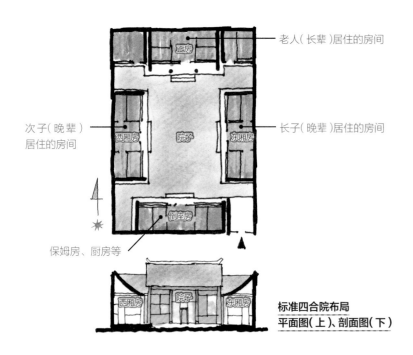

老人（长辈）居住的房间

次子（晚辈）
居住的房间

长子（晚辈）居住的房间

保姆房、厨房等

标准四合院布局
平面图（上）、剖面图（下）

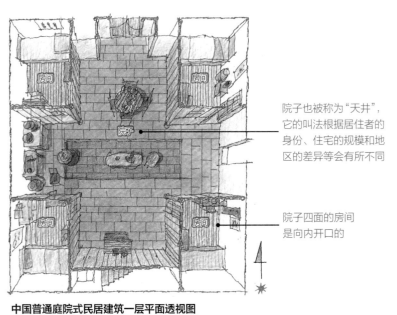

院子也被称为"天井"，
它的叫法根据居住者的
身份、住宅的规模和地
区的差异等会有所不同

院子四面的房间
是向内开口的

中国普通庭院式民居建筑一层平面透视图

合掌造民居

全村人共同建造的合掌式建筑

日本岐阜县白川乡、富山县五箇山

在日本的白川乡（岐阜县）和五箇山（富山县）有很多合掌造民居建筑，它们最显著的特征莫过于高大陡峭的茅草屋顶了。

合掌造是日本农村传统民居的一种建造方式，屋顶以茅草覆盖，呈人字形，如同双手合十一般，故而得名。这种特殊的建筑形态与当地的自然环境密不可分，白川乡和五箇山每逢冬季便大雪纷飞，合掌造陡峭的屋顶便于积雪滑落，能够有效地防止白雪堆积。除此之外，当地居民祖祖辈辈靠养蚕为生，其宽敞的阁楼为蚕的生长提供了适宜的空间。

说起养蚕，那可是件费时费力的工作，需要整个家庭协作配合。有时，家中的男孩儿（老二、老三）甚至会终身不娶，为家族的养蚕事业奉献自己的一生。而合掌造民居就是为了这样的大家庭而建造的，它偌大的空间不仅满足了村民的日常生活，还为他们的生产作业提供了坚实的保障。

合掌造不仅维系着家人间的紧密关系，还能通过名为"结"的合作方式，加深村民之间的协作。特别是在新建民居和更换屋顶时，全村人都会出动并共同完成。

在严峻的环境下，人们只有相互扶持、团结一心才能生存下去。可以说，正是因为"结"的存在，合掌造民居才得以延续至今。

阁楼里的养蚕空间

在合掌造民居建筑中，只有一层是居住空间，阁楼内的其他空间全部用来养蚕。

出现时间：19世纪左右
结构：木结构
层数：一层（阁楼内有多层）

除一层以外，其他全部为蚕室

大户家旧宅外观图

一层是大家庭的居住空间

火和烟都能派上用场

一层设置有地炉，点燃后产生的炉烟和热气逐渐上升，并笼罩整栋建筑物。其中，炉烟可以驱虫，热气则为养蚕提供适宜的温度条件。

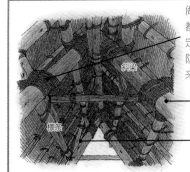

阁楼空间的建材都用麻绳捆绑固定，此举可有效防止大风天气带来的房屋晃动

构成人字形框架的斜梁

斜插木材能够防止人字形框架倒塌

合掌造的阁楼空间

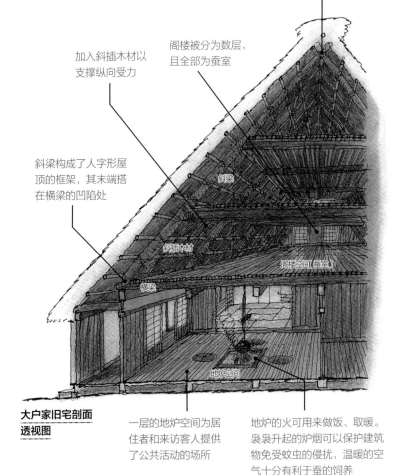

加入斜插木材以支撑纵向受力

阁楼被分为数层，且全部为蚕室

斜梁构成了人字形屋顶的框架，其末端搭在横梁的凹陷处

斜梁

斜插木材

阁楼空间（蚕室）

横梁

地炉空间

大户家旧宅剖面透视图

一层的地炉空间为居住者和来访客人提供了公共活动的场所

地炉的火可用来做饭、取暖。袅袅升起的炉烟可以保护建筑物免受蚊虫的侵扰，温暖的空气十分有利于蚕的饲养

满足所有家庭成员生活起居的一层大空间

合掌造民居为大家庭的生活、生产提供了充足的空间。其中，房主夫妻二人拥有独立的生活空间——内厅，其他成员则作为养蚕的劳动力，实行男女分区休息的房间布局。

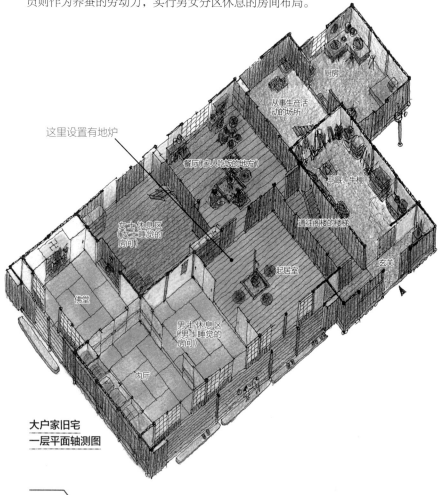

这里设置有地炉

厨房

从事生产活动的场所

餐厅(家人吃饭的地方)

马厩、牛棚

女士休息区
(女士睡觉的房间)

通往阁楼的楼梯

起居室

玄关

佛堂

男士休息区
(男士睡觉的房间)

内厅

**大户家旧宅
一层平面轴测图**

备忘录

文中提到的大户家旧宅位于日本岐阜白川乡，现已移建至该县的小吕町。

这座始建于1833年（根据房牌记载）的旧宅是合掌造民居的典范。

合掌造民居建筑的"结"

"结"是一种合作形式，每逢新建民居或翻
新屋顶时，全村会集体出动，共同完成。

1. 组装一层的柱子及横梁

2. 组装屋顶框架

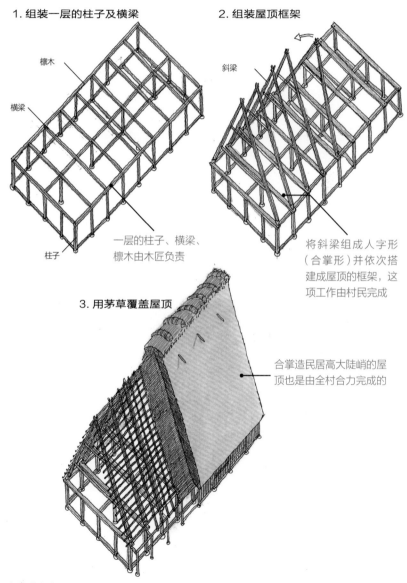

檩木

横梁

斜梁

柱子

一层的柱子、横梁、
檩木由木匠负责

将斜梁组成人字形
（合掌形）并依次搭
建成屋顶的框架，这
项工作由村民完成

3. 用茅草覆盖屋顶

合掌造民居高大陡峭的屋
顶也是由全村合力完成的

> 合掌造民居

01 从移动式住所发展到固定式住所

日本人的祖先曾为了狩猎动物、采集果实过着漂泊不定的生活。在那个年代，他们居住在自然洞穴（横穴式）中，如果找不到合适的洞穴，他们就利用树枝和树叶搭建起只有屋顶的简易小屋，居住在里面。

后来，日本从中国引入了水稻栽培技术，人们得到了稳定的粮食供给，便开始在田边建造房屋（竖穴式），并定居下来。这种房屋采用了一种在土地上挖坑、立好支柱、组装横梁并以此支撑斜插材料的建造方式。同一时期建成的还有用来储存水稻的高架仓库（请参见第267页），它主要起到防潮、避鼠的作用。水稻的可储存性虽然为人们提供了稳定的生活，但也造成了水稻拥有者和非拥有者之间的贫富差距。

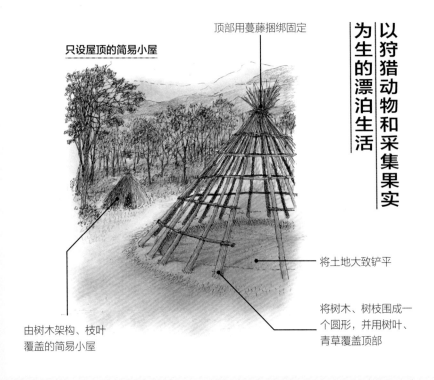

以狩猎动物和采集果实为生的漂泊生活

只设屋顶的简易小屋

顶部用蔓藤捆绑固定

将土地大致铲平

由树木架构、枝叶覆盖的简易小屋

将树木、树枝围成一个圆形，并用树叶、青草覆盖顶部

竖穴式房屋

屋脊

随着人们在屋内搭起炉灶，这里就成了排烟口

炉灶被搭在屋内的中心位置，可起到取暖、照明等作用，或用作灶台等

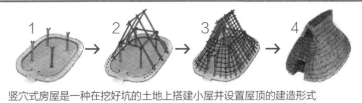

竖穴式房屋是一种在挖好坑的土地上搭建小屋并设置屋顶的建造形式

---

[1] 稻米营养价值极高，易于储存，且产量与栽种面积成正比，故供应量稳定，人口逐渐增加。

02 挖土造屋、平地居住

　　随着岁月的流转，竖穴式房屋也在不断地改进、发展。支撑房屋的立柱变得更高，屋顶的位置也随之提升，墙壁开始登台亮相，屋内的空间变得更加宽敞。不仅如此，人们还在墙壁设置开口，为通风和采光提供了有利条件。能够直接向外排烟的炉灶让居民的生活更加方便，可以说，改良版的竖穴式房屋使居民的居住环境和饮食生活都得到了极大改善[1]。

　　经过改良的竖穴式房屋，内部空间变得更大，又由于是采用挖坑建造的方式，能够传导少量地热，可在一定程度上起到保暖的作用。

　　另一方面，在这一时期还出现了不挖坑、在平地上建造的平地式房屋。因为是平地且内部空间大，所以居民可以在屋内站立并自由活动，从而拥有更多的生活、生产空间。此外，居民们还在墙壁上设置了大开口，使生活环境变得更加舒适健康。地板上铺满了麦秆、草席，这种"土地板"极大地满足了人们坐卧休息的需求。

　　水稻的种植让早期的日本社会出现了富裕阶层。他们位高权重，住在干阑式房屋里（楼台式）。干阑式房屋意味着更优质的居住环境，是那个时代统治阶层的身份象征。

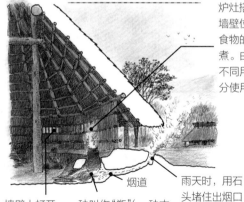

设有墙壁的改良版竖穴式房屋

炉灶搭在竖穴式房屋的墙壁位置，平日将装有食物的陶器放在上面烹煮。由此人们逐渐按照不同用途，对火进行区分使用

墙壁上打开的窗户

一种叫作"甑"（一种古代炊具）的陶制蒸食器

烟道

雨天时，用石头堵住出烟口

墙壁亮相，炉灶登台

墙壁的出现使屋顶位置随之提升

[1] 位于房屋中心位置的炉灶如何向外排烟，曾经是居民生活的大难题。

平地式房屋

墙壁的大开口方便了屋内采光、通风以及人员的进出

土地板是指在土地上铺满麦秆、草席的地面

干阑式房屋和仓库

位高权重的统治者居住的干阑式房屋（楼台式）

储存水稻的高架仓库

避鼠器

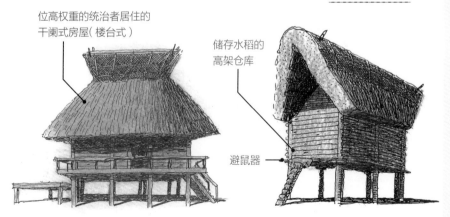

267

03　非农户住所的诞生

随着日本各地物产的日益丰富，物物交换的交易市场逐渐形成，交易对象包括农产品和日用品。市场的需求催生了一批新兴人群，他们不再以农业为生，有专门从事日用品制造的人，还有为农产品生产者和日用品制造者牵线搭桥的人。

起初，他们主要集中在集市的简易房中进行交易活动。但随着市场需求的不断扩大和交易的愈发频繁，他们开始搭建起前店后宅式房屋，并定居于此。

这种房屋由三合土地面空间和铺设了麦秆、草席的铺席空间构成，其布局与从事农耕劳动的农民所居住的平地式房屋并没有很大不同。值得一提的是，建造者在房屋临街一侧增设了商品陈列台和人员出入口。屋顶多以板材加石块或者稻草修葺而成。墙壁则由泥土、木板和木席[1]等简单的材料组成。

满足交易活动的房屋

前店后宅式房屋的外观

在屋顶上铺设板材，然后将石块压在上面。当板材破损时，可将它翻过来再利用，两面均损坏时还可作为燃料使用

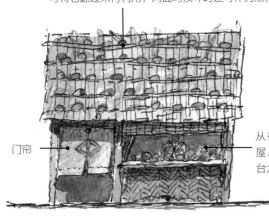

门帘

从街对面看到的房屋。临街的商品陈列台尤为引人注目

[1] 木席是利用树皮等手工编制的带图案的席子。

前店后宅式房屋的房间布局

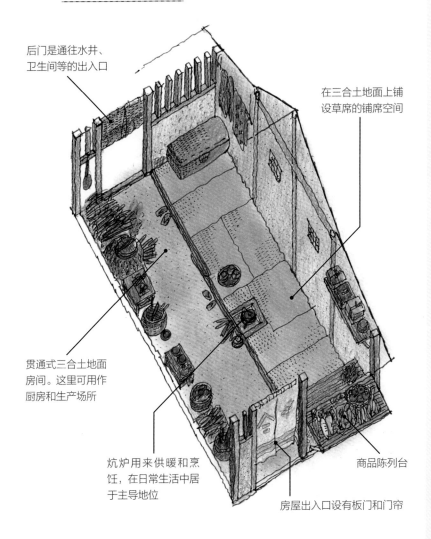

后门是通往水井、卫生间等的出入口

在三合土地面上铺设草席的铺席空间

贯通式三合土地面房间。这里可用作厨房和生产场所

炕炉用来供暖和烹饪，在日常生活中居于主导地位

房屋出入口设有板门和门帘

商品陈列台

朝臣权贵的礼仪之殿

历史的车轮继续向前滚动，日本社会迎来了有贵族阶层的时代。这一时期以京都地区为中心，产生了贵族阶层。大家可以想象一下《源氏物语》中的世界，有助于理解当时的社会环境。在那个时代，绝大多数的百姓仍然居住在竖穴式房屋和平地式房屋里，而新兴的贵族阶层——朝臣权贵们却早已住进了被称为"寝殿造"（日本建筑样式之一，为宫廷贵族广泛采用的住宅样式，此处的"寝殿"实为"正殿"之意）的豪华住宅。

寝殿造建筑由寝殿（正殿）、对屋（寝殿的别栋）、钓殿和泉殿等建筑物组成。其中，寝殿位于整座住宅的中心位置，并统领着对屋建筑群（居住区）。在寝殿的对面设有庭院，钓殿和泉殿等"游乐"建筑都围绕着庭院建造。

在寝殿造建筑中，为了满足朝臣权贵们的日常生活需求，设有丰富多彩的陈设摆件，包括榻榻米（在当时只作为坐垫使用）、屏风、幔帐，还有名为"帐台"的寝具。日本社会也就是从这个时候开始，慢慢形成了"专室专用"的住宅构造样式和鲜明的日本特色。

绚丽豪华的寝殿造建筑

居住、游乐两相宜的寝殿造

户主与配偶所居住的寝殿

在庭园中可以享受丰富多彩的娱乐项目

西阁

北向对屋

东北方向对屋

渡殿

渡殿（连接殿舍与殿舍之间的走廊）

寝殿

对屋（东侧对屋）

西中门廊

泉殿或钓殿

庭园

东阁

中之岛

池塘

时而还可泛舟水上，不亦乐乎

装饰不同生活区域的多姿摆件

屏风沿用至今，是一种简易的隔断装置。榻榻米在当时只是一种便携式座席

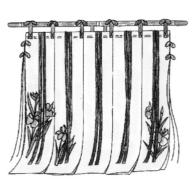

幔帐是屏风式布帘，可以通过并排垂下多张布帘营造私人空间

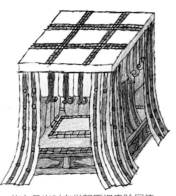

帐台是当时专供朝臣权贵阶层使用的寝具，上有顶盖，可以通过布帘调节休息环境

05 武士社会出现的待客空间

正所谓"三十年河东，三十年河西"，日本的贵族阶层逐渐没落，武士阶层开始掌权，君主和家臣的主从关系成为支撑社会的力量。社会构成的变化不可避免地对住宅建筑产生影响，这个时期住宅建筑中出现了待客空间。

另一方面，成为君主的武士阶层除了使用武力征服家臣之外，如何通过提升自身的修养、修为来赢得家臣们的信赖也成为他们的必修之课。于是，在他们的住宅中悄然出现了摆放书籍的多宝格、设有书桌的书房等，这些都是武士修养的代表之物，具有鲜明的武家时代特色。

武士阶层用来修身养性的书房等空间的原型是京都府慈照寺（银阁寺）东求堂的同仁斋。这是一间四张半榻榻米大小（约7.29 m^2）的房间，设有美术品装饰架和书房。

同时，同仁斋还被认为是日本书院造（日本建筑样式之一，为寺院客房的普遍形制，也是武士与宫廷贵族广泛采用的宅邸建筑样式）建筑的起源。在当今社会，书院造建筑享有和风建筑、日式建筑典范的美称。

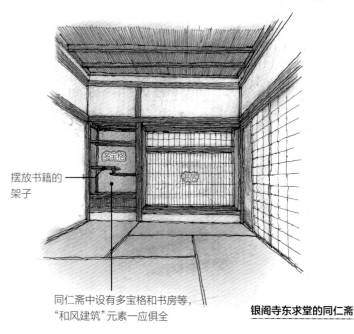

和风建筑的原型——书院造建筑

摆放书籍的架子

多宝格

书房

同仁斋中设有多宝格和书房等，"和风建筑"元素一应俱全

银阁寺东求堂的同仁斋

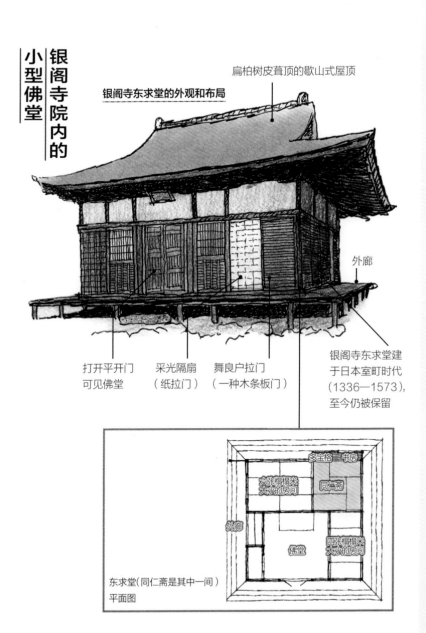

银阁寺院内的小型佛堂

银阁寺东求堂的外观和布局

扁柏树皮葺顶的歇山式屋顶

外廊

打开平开门
可见佛堂

采光隔扇
（纸拉门）

舞良户拉门
（一种木条板门）

银阁寺东求堂建
于日本室町时代
（1336—1573），
至今仍被保留

多宝格 书房

六张榻榻米
大小的房间

同仁斋

外廊

佛堂

四张榻榻米
大小的房间

东求堂（同仁斋是其中一间）
平面图

06 榻榻米还很遥远——农舍的原型

位于日本兵库县的古井家住宅[1]被认为是室町时代的建筑。它还有一个名字，叫作"千年家"。千年家并不是真的建造了一千年，而是指历史悠久的建筑。

有历史文献表明，"千年家"这一叫法早在江户时代就已经普及。在千年家的院子里设有马厩和炉灶，外厅铺有地板，地炉区域的地面则铺设了竹席。

我们在日本室町时代的普通农户家中，还看不到铺满榻榻米的"客厅"。这是因为，在当时，榻榻米对于一般百姓来说还很奢侈，比起遥不可及的榻榻米，取材方便的竹子更受大家的青睐。竹子的生长速度快，弹性佳，是理想的铺地材料。除了铺地以外，它还被广泛地应用于制作墙底子、屋顶椽子等。

中世农户从泥土地升级到地板地

用茅草修葺的寄栋式屋顶（相当于中国的庑殿式屋顶，由一条正脊和四条垂脊构成，屋顶前、后、左、右四面都是斜坡，分别由两个梯形和两个三角形组成）

古井千年家的外观

泥土构造的住宅，开口少、较封闭

卫生间

---

[1] 位于兵库县姬路市，是日本国家重点保护文物。

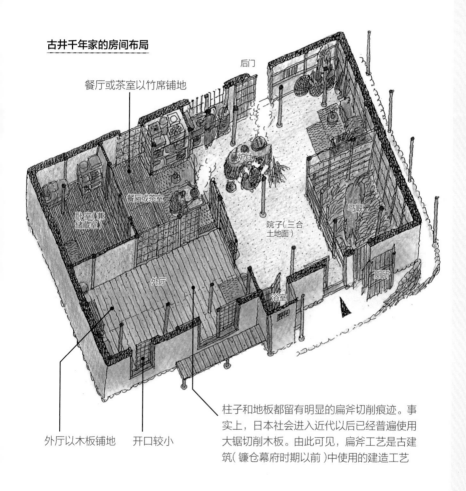

古井千年家的房间布局

餐厅或茶室以竹席铺地

后门

炉灶

餐厅或茶室

卧室(兼储藏室)

院子(三合土地面)

马厩

外厅

厕所

浴室

外厅以木板铺地　　开口较小

柱子和地板都留有明显的扁斧切削痕迹。事实上，日本社会进入近代以后已经普遍使用大锯切削木板。由此可见，扁斧工艺是古建筑(镰仓幕府时期以前)中使用的建造工艺

07　数寄屋建筑的典范——待庵茶室

作为现代和风建筑的起源，除了前面介绍的书院造建筑（由寝殿造建筑发展而来），数寄屋建筑也值得被铭记。虽然它由弯曲的木柱、半成品的毛坯墙等未经雕琢的建筑元素构成，但古人善于发现它们的朴素之美，也正是这种丰富的感性认识为日后的和风建筑以及日本艺术创作提供了精神源泉。

临西宗寺院——妙喜庵的待庵，建于日本安土桃山时代的天正年间（1573—1592），是一直以来被大家奉为日本茶道宗师的千利休创建的草庵风格茶室的经典之作。与以往在书房举行的品茗会不同，在简陋的房间里品茶被称为"草庵茶"。待庵的面积只有四张半榻榻米大小（约7.29 m²），它是数寄屋建筑的经典之作，最大限度地凝聚了品茗的精髓。

待庵的待客空间仅有两张榻榻米大小（约3.24 m²），再加上设有壁龛的区域，显得非常狭小。虽然狭小，但坡顶的设计为进门的客人减轻了视觉压迫感。两人相对而坐，能够清晰地捕捉对方的面部表情，悄声低喃的话语在这里也能听得真切，可谓是恰到好处的距离。出入茶室的门口十分狭小，茶客必须低头进入，它蕴含了"摒除身份差异，谋求人人平等"的茶道精髓。

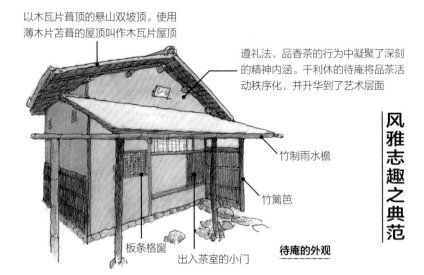

以木瓦片葺顶的悬山双坡顶。使用薄木片苫葺的屋顶叫作木瓦片屋顶

遵礼法、品香茶的行为中凝聚了深刻的精神内涵。千利休的待庵将品茶活动秩序化，并升华到了艺术层面

竹制雨水檐

竹篱笆

板条格窗

出入茶室的小门

待庵的外观

风雅志趣之典范

茶席的构成

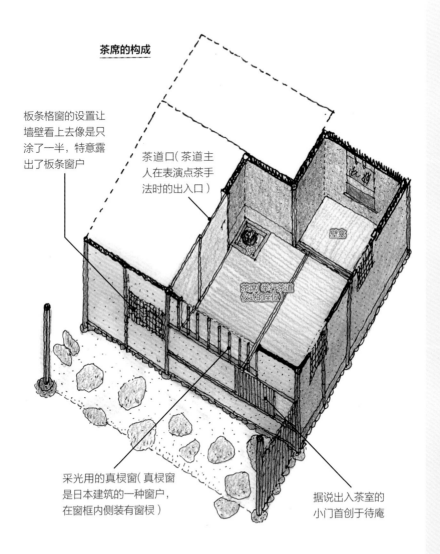

板条格窗的设置让墙壁看上去像是只涂了一半，特意露出了板条窗户

茶道口（茶道主人在表演点茶手法时的出入口）

壁龛

炉

茶席（举行茶道仪式的座位）

采光用的真棂窗（真棂窗是日本建筑的一种窗户，在窗框内侧装有窗棂）

据说出入茶室的小门首创于待庵

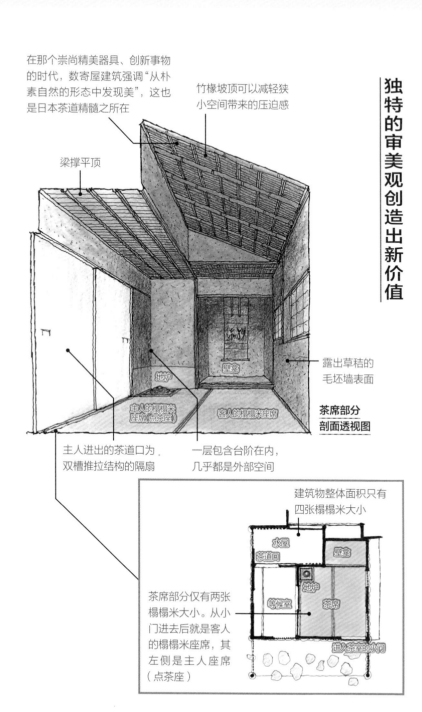

在那个崇尚精美器具、创新事物的时代，数寄屋建筑强调"从朴素自然的形态中发现美"，这也是日本茶道精髓之所在

竹椽坡顶可以减轻狭小空间带来的压迫感

梁撑平顶

露出草秸的毛坯墙表面

地炉

壁龛

主人的榻榻米座席(点茶座)

客人的榻榻米座席

茶席部分
剖面透视图

主人进出的茶道口为双槽推拉结构的隔扇

一层包含台阶在内，几乎都是外部空间

建筑物整体面积只有四张榻榻米大小

水屋
茶道口

壁龛

等候室

地炉

茶席

茶席部分仅有两张榻榻米大小。从小门进去后就是客人的榻榻米座席，其左侧是主人座席（点茶座）

进入茶室的小门

榻榻米房间亮相——江户时代的农舍

当日本社会发展到江户时代后期时，田字形房间布局逐渐成为农家建筑的主流。这种布局是指将与三合土地面空间相连的空间划分为田字形的布局配置，其原型是三间屋平面。

这里为大家介绍位于日本关东地区的传统农舍——北村家旧宅[1]。它建于江户中期，是三间屋的代表建筑，屋内设置有三合土地面空间，旁边是大厅，里侧是两间榻榻米房间，这在当时可是富裕人家的房屋配置。具体来说，大厅做饭的区域以木板铺地，地炉区域以毛竹铺地，前厅设有壁龛和佛坛，内厅是睡觉的地方。

另一方面，为应对日本多变的气候，在江户中期还出现了各式各样的隔扇。这些隔扇为日后的和风建筑奠定了基础，是其重要的组成部分。

『落户』农家的榻榻米

像北村家旧宅这样，采用寄栋式屋顶、呈长方形布局的房屋叫作"直屋造"（请参见第282页）

北村家旧宅外观

---

[1] 已经从神奈川县琴野市移建至川崎市立日本民家园（神奈川县川崎市）。

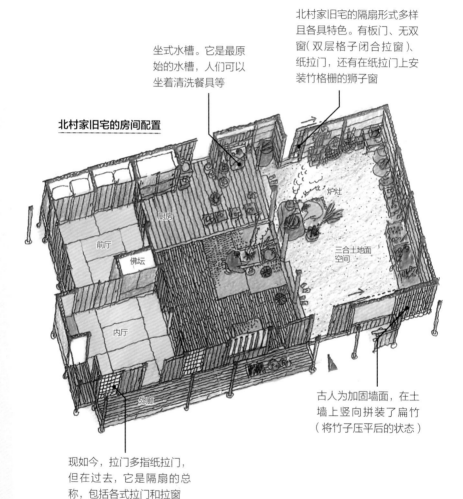

北村家旧宅的隔扇形式多样
且各具特色。有板门、无双
窗（双层格子闭合拉窗）、
纸拉门，还有在纸拉门上安
装竹格栅的狮子窗

坐式水槽。它是最原
始的水槽，人们可以
坐着清洗餐具等

北村家旧宅的房间配置

炉灶

厨房

前厅

佛坛

三合土地面
窑间

内厅

外廊

古人为加固墙面，在土
墙上竖向拼装了扁竹
（将竹子压平后的状态）

现如今，拉门多指纸拉门，
但在过去，它是隔扇的总
称，包括各式拉门和拉窗

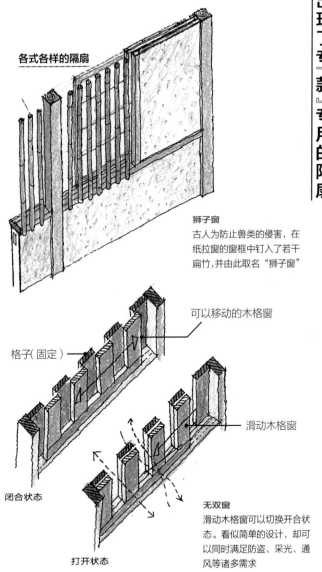

各式各样的隔扇

狮子窗
古人为防止兽类的侵害，在纸拉窗的窗框中钉入了若干扁竹，并由此取名"狮子窗"

可以移动的木格窗

格子（固定）

滑动木格窗

闭合状态

无双窗
滑动木格窗可以切换开合状态。看似简单的设计，却可以同时满足防盗、采光、通风等诸多需求

打开状态

09 百花齐放的农舍建筑

日本领土狭长，南北纬跨度大，各地气候差异明显。为了适应不同的气候环境，形态各异的民居建筑应运而生。到了江户时代的中后期，日本社会还出现了象征身份、地位的房屋，并呈现出百花齐放的繁荣景象。这主要是因为在当时的地方农户中，财力雄厚、位高权重的村长和庄头等势力不断壮大，对于他们来说，房屋不再只是用来居住，更重要的是地位和权力的象征。

当时日本社会中的主流民居建筑形式①

——直线型屋脊

直屋造
拥有悬山双坡顶、寄栋式屋顶等简易屋顶的长方形房间布局的民居。这是当时日本全国范围内最常见的民居建筑形式

主体房屋

马厩

曲屋造
在与直屋造部分成直角处搭建马厩、平面呈L形的民居建筑。多分布于日本的东北部地区

是住宅，更是身份的象征

当时日本社会中的主流民居建筑形式②

中门造
其平面与曲屋造一样呈L形，但入口位置不同，中门造的入口在住宅的拐角处，多见于日本秋田地区。图中为凹字形平面的民居建筑

入口也被叫作"中门"

合掌造（请参见第259页）
合掌造分布于日本富山县五箇山等地，它的名字源于其巨大的山形（合掌形）屋顶

侧入型
主要入口在房屋侧面的民居建筑（若主要入口在与建筑物屋脊平行一侧，则称为"平入型"）。它拥有贯通式三合土地面房间，与商家住宅的平面构成相似，分布在日本兵库县丹波、京都北部等地

分栋型
分栋型民居由主体房屋和灶间两栋建筑物组成。分栋建造主要是为了防止灶间着火殃及主体房屋，但据说后来两栋合为一体了。该民居主要分布在日本九州、四国、房总等沿岸地区

在两个屋顶间的沟槽部位，设置用中空木头做成的导水管，将屋顶的雨水引到地面

主体房屋　灶间

灶间为三合土地面，屋内设置有灶台

灶台造
因其建筑形态与灶台极为相似，因而得名"灶台造"。它的屋顶造型独特，建造理由也是众说纷纭，比如：因为房间布局，无法搭建整面屋顶；这种屋顶可以应对不同风向的大风天气；等等。它主要分布在日本的九州佐贺地区

屋顶形态不利于直接将雨水引到地面，于是先将导水管引入屋内，再将管内的雨水排出屋外

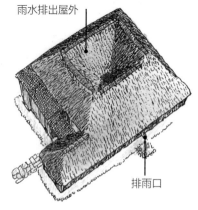

排雨口

10 和风建筑的普及

如今，谈到和风建筑，人们大多想到的是铺有榻榻米、设有壁龛的日式房间（铺席房间）。这种房间配置可以追溯到日本武家时代的书院造建筑。那么，它是从何时开始在民间普及开来的呢？

关于这个问题，我们不得不聊一聊建于江户时代后期（19世纪中叶）的松下家旧宅[1]。它位于日本北陆地区金泽市的街边，是一家中等规模的商铺，平日主营茶馆生意，同时也销售农作物的种子。

该商铺的最外侧是店面，里面依次由账房、客厅和铺席房间组成。值得一提的是，在最里面的铺席房间内，还设有壁龛和书房。

原来，书院造建筑早在那个时候就已经深入到了地方商铺的建筑物中，更不必说普通民众的家中了。

深入百姓住宅和地方建筑物中的壁龛及书房

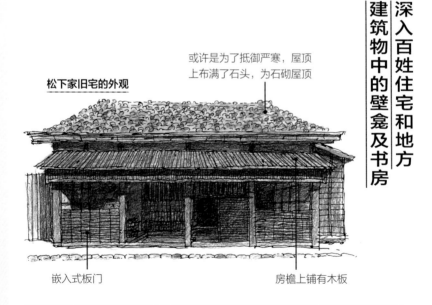

或许是为了抵御严寒，屋顶上布满了石头，为石砌屋顶

松下家旧宅的外观

嵌入式板门

房檐上铺有木板

---

[1] 日本国家重点保护文物。现已移至石川县金泽市汤涌江户村。

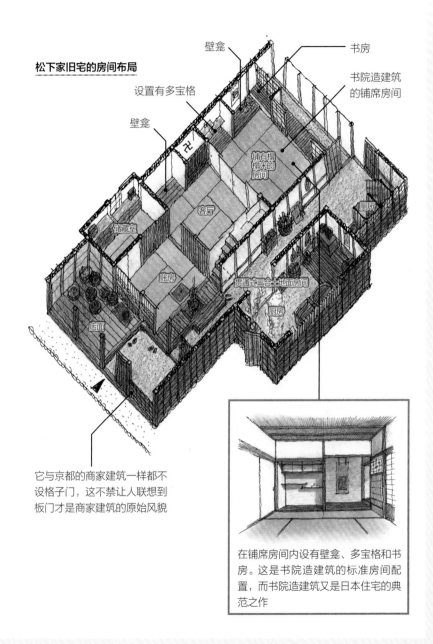

松下家旧宅的房间布局

壁龛

书房

设置有多宝格

书院造建筑
的铺席房间

壁龛

卍

铺有榻
榻米的
房间

客厅

厕所

储藏室

账房

贯通式三合土地面房间

店面

厨房

它与京都的商家建筑一样都不
设格子门，这不禁让人联想到
板门才是商家建筑的原始风貌

在铺席房间内设有壁龛、多宝格和书
房。这是书院造建筑的标准房间配
置，而书院造建筑又是日本住宅的典
范之作

11 防火街屋的建成

在房屋密集的城市地区，时常发生严重的火灾，这对于木结构建筑占主流的日本来说，更是逃不掉的劫难。

江户时代中期，屡遭火灾侵袭的商家逐渐总结出一套经验方法，并对房屋进行了改造、升级。例如，对商铺二层进行防火处理的刷漆建筑，将土窑仓库改建成店铺的涂灰泥建筑等。

此外，在这一时期还出现了高脊防火墙（请参见第164页）。它建于商铺二层的侧壁处，比屋顶高出一截，能够有效地防止邻居家火灾的蔓延。其中，以蓝靛生意著称的四国德岛胁町、有中山道驿站街之称的海野宿等非常有名的商业街区都设有高脊防火墙。

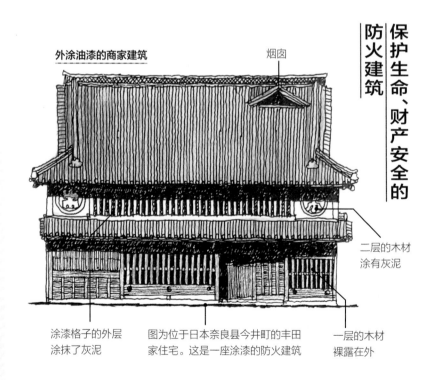

保护生命、财产安全的防火建筑

外涂油漆的商家建筑

烟囱

涂漆格子的外层涂抹了灰泥

图为位于日本奈良县今井町的丰田家住宅。这是一座涂漆的防火建筑

一层的木材裸露在外

二层的木材涂有灰泥

外涂灰泥的商家建筑

防火窗为对开门结构，发生火灾时，可从外面将其关闭。窗户中间的缝隙处涂有黏土，能够有效地防火

箱形结构的屋脊

大块的兽头瓦

黑灰泥墙面，涂抹厚度为12~18 cm

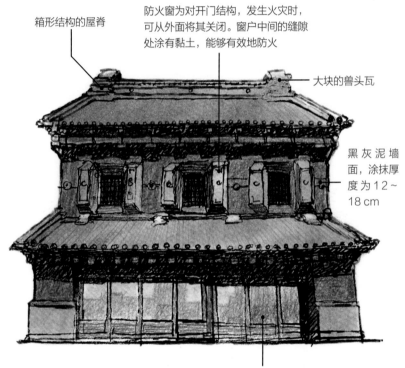

玻璃门是进入现代社会以后安装的。江户时代时是可拆卸式的板门，土门（防火门）收在了两边墙壁的内侧

著者简介

中山繁信（撰文及绘图）

日本法政大学研究生院工学研究科建设工程学硕士，曾就职于宫胁檀建筑研究室、日本工学院大学伊藤丁治研究室，并于2000—2010年间任职日本工学院大学建筑系教授。现任TESS计划研究所负责人。

【主要著作】
《美好住宅设计破解法》，X-Knowledge出版社
《美景中的住宅学》，欧姆社
《全球最美住宅设计教科书》，X-Knowledge出版社
《窗户详解》，学艺出版社
《图解住宅设计的尺度》，欧姆社
《用素描的感觉画透视图》，彰国社
《意大利印象》，彰国社
《日本的传统都市空间》（合著），中央公论美术出版社
《探索现代社会的寺院空间》，彰国社
（负责撰写的章节：第1章13，第2章03，第3章02、12，第4章 03、04、06、07、09，建筑师专栏03、08、11、13、18、20、21，以及卷末集锦）

松下希和（撰文）

毕业于美国哈佛大学研究生院设计学院建筑系，现为KMKa一级建筑师事务所负责人，日本芝浦工业大学环境系统系教授。

【主要著作】
Harvard Design School Guide to Shopping（合著），Tachen出版社
《装修设计解剖书》，X-Knowledge出版社
《简单易学的建筑制图》（合著），X-Knowledge出版社
《全球最美建筑设计教科书》（合著），X-Knowledge出版社
（负责撰写的章节：第1章03、06、08、09、11、12，第2章01、05 ~ 07、09、14、15，第3章01、03、04、07 ~ 09、11、14，建筑师专栏09、12）

伊藤茉莉子（撰文）

毕业于日本大学生产工学部建筑工程系，2005年任谷内田章夫讲习班讲师，现任日本会津短期大学兼职讲师。

（负责撰写的章节：第1章01、02、04、05、07、14、15，第2章04、08、11、12、16，第3章06、10，建筑师专栏02、04、10、16、19）

斋藤玲香（撰文和人物画）

毕业于日本工学院大学工学部建筑系、日本一桥大学研究生院社会学研究科（研究社会动态发展）。自由插画师。

（负责撰写的章节：第1章10，第2章02、10、13，第3章05、13、15，第4章01、02、05、08，建筑师专栏05、07、14、17、22）

特别致谢　松桥美乃里

（负责撰写的章节：建筑师专栏01、06、15）

288